경복궁에서 도산서원까지 육백 리 퇴계길

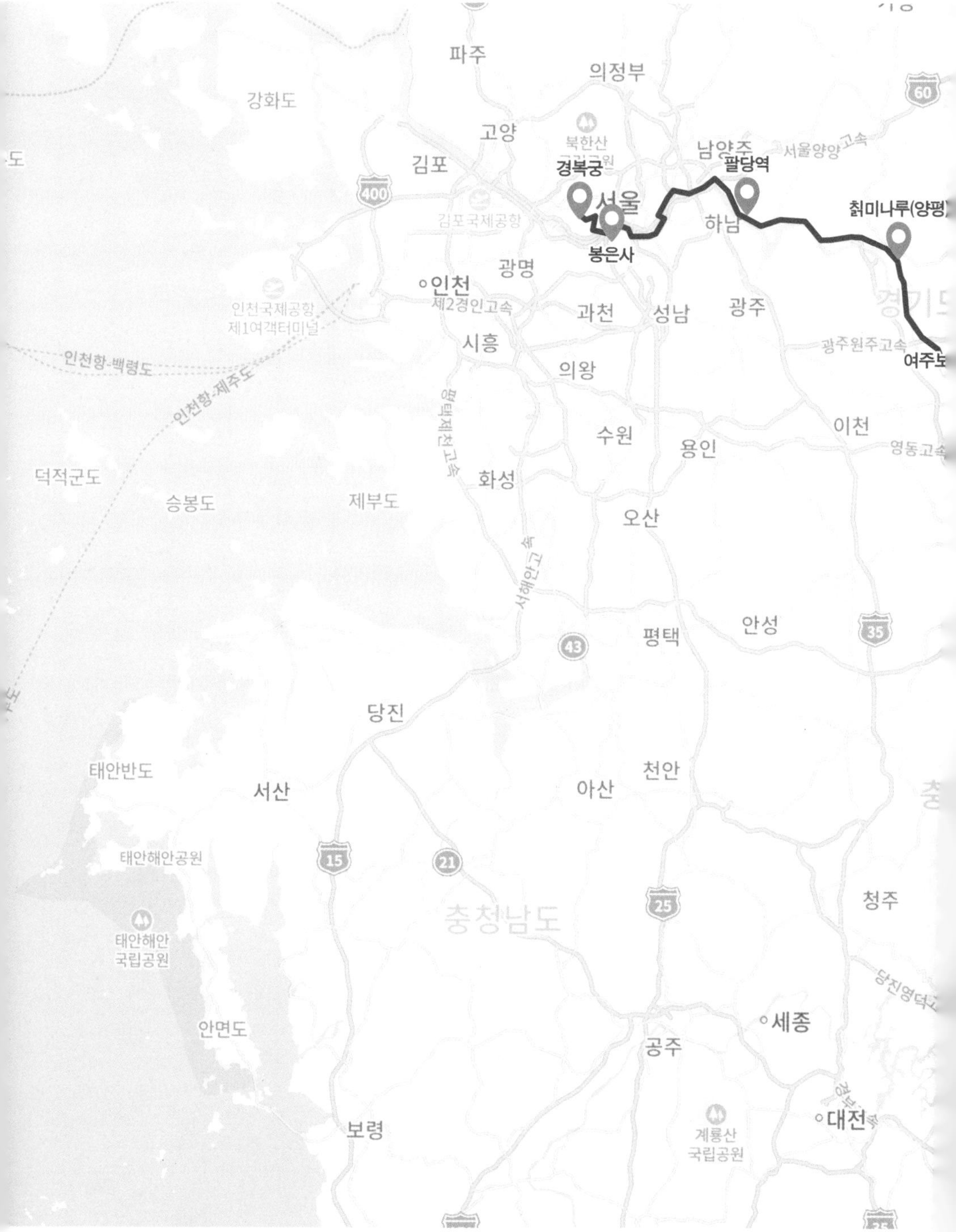

부론면사무소
충주나루
청풍문화재단지
배 타기
충청감영
장회나루
대강면사무소
버스 타기
영주초등학교
도산서원
강릉
오대산
국립공원
동해
삼척
정선
원주
치악산
국립공원
태백
제천
충주
소백산
국립공원
대한민국
월악산
국립공원
영주
청량산
도립공원
경상북도
문경
속리산
국립공원
안동
상주
청송
의성
주왕산
국립공원
당진영덕고속(상주-영덕)
중앙고속
44
55
50
65
59
52
38
36
31
28
34
30
5

지리학자, 미술사학자와 함께

육백 리 퇴계길을 걷다

이기봉 · 이태호 지음

지리학자, 미술사학자와 함께

육백 리 퇴계길을 걷다

초판 1쇄 발행 | 2022년 4월 25일
저자 | 이기봉·이태호
펴낸이 | 이연숙

펴낸곳 | 도서출판 덕주
출판신고 | 제2018-000137호(2018년 12월 13일)
주소 | 서울시 종로구 인사동길 19-2(와담빌딩) 7층
전화 | 02-733-1470
팩스 | 02-6280-7331
이메일 | duckjubooks@naver.com
홈페이지 | www.duckjubooks.co.kr

ISBN 979-11-963795-5-1 (03980)

책값은 뒤표지에 있습니다. 잘못된 책은 구입처에서 바꾸어 드립니다.

지리학자, 미술사학자와 함께

육백 리 퇴계길을 걷다

이기봉 · 이태호 지음

덕주

책머리에

퇴계 선생의 귀향길 따라, 경복궁 광화문에서 안동 도산서원까지 걷고

걷고, 또 걸었다. 꼬박 아흐레를 걸었다.

2021년 4월 15일 한낮 경복궁을 출발해, 4월 24일 저녁 안동 도산서원에 도착했다. 퇴계 이황(退溪 李滉, 1501~1570)의 마지막 귀향길 육백리를 따라간 것이다.

경복궁 사정전, 종현언덕, 동호 두모포, 봉은사, 아차산 광나루, 남양주 미음나루, 덕소, 팔당, 물푸레여울, 두물머리, 운길산, 양평 한여울, 갈산공원, 여주 이포보, 여주보, 여주 관아터와 청심루, 영월근린공원, 신륵사, 이호대교, 강천섬, 섬강, 원주 흥원창, 부론면, 남한강대교, 충주 가흥창, 조정지댐, 탄금호, 중앙탑, 창골, 충주 감영, 충주호, 단양 장회나루, 단성면 벽화마을, 죽령, 희방사역, 소백산, 풍기 관아, 영주 관아, 두월교, 구천리 창팔마을, 용수재, 안동 도산서원 등등. 일 년이 지났는데, 오랜 추억처럼 아련하다.

4월 눈부신 국토의 아름다움을 만끽하다

걷는 일의 육체적인 힘듦은 스틱을 짚고 진통제로 견디며, 4월의 국

이태호, 인왕산으로 초승달 지고, 2021.4, 면지에 수묵, 35x50.5cm

토 풍광을 만끽했다. 퇴계 선생께 진정으로 감사드린다. 우리나라 땅, 국토의 봄날 자연이 이토록 아름답다는 것을 느끼게 해주었기 때문이다. 매화며, 진달래며, 개나리며, 산수유며, 목련이며 봄꽃들이 대부분 사라지기에 그다지 주목하지 않은 늦봄이었는데, 퇴계길 덕택에 녹음으로 가는 4월의 변화를 재발견하게 했다.

아흐레 내내 걸으며 셔터를 눌러댔다. 하루에 500여 점씩 디카에 이미지를 담았다. 5천 컷쯤 찍었다. 여느 답사 때보다 몇 배를 더 찍은 것 같다. 그리고 아흐레 동안 새벽과 저녁 자투리 시간도 덤으로 주어졌다. 최근 몇 년 새 일과로 정착된, 스케치에도 열중했다. 저녁 식사 후에는 그날 본 풍경을 되새겨 그렸다. 또 새벽마다 머물렀던 현장을 사생해가니, 드로잉이 50여 점 넘게 쌓였다. 첫 그림은 출발지 광화문 앞에서 본 저녁 인왕산에 초승달이 지는 모습이다. 출발 전야가 마침 음력 삼월삼짇날인 터라, 어스름한 하늘에 노란 조각달이 처연한 풍경화를 만들어주었다.

내가 걸었던 이 길은 2019년 도산서원이 처음 열었다. 퇴계 이황은 홍문관과 예문관의 대제학을 겸직하며《명종실록(明宗實錄)》의 편찬에 참여하다, 1569년 음력 3월 이조판서로 발령받았으나 사양하고 낙향하였다. 69세 때였다. 그리고 다음 해 세상을 떠났으니 마지막 귀향길을 기리는 셈이다. 물론 퇴계는 배를 타고 말을 타고 내려갔다. 마침 나도 퇴계와 같은 나이였다.

두 번째 '퇴계선생 귀향길 걷기'는 2021년 4월 15일 퇴계가 마지막 관직을 지낸 경복궁 사정전 마당에서 진행되었다. 나는 광화문부터 두모포까지 그 일행과 첫날을 같이했다. 그 이후 나는 이 퇴계길을 연결한, 지리학자 이기봉 박사를 따라나섰다. 이 박사는 국립중앙도서관 고문헌실 학예연구사다. 답사 후 학예연구관으로 승진했으니, 퇴계길이 응원해준 것 같다. 평소 만남이나 답사 때도 그랬지만, 이번에도 그에게 많은 걸 배우고 익혔다.

이 박사의 도시와 마을, 그 변화의 역사, 풍수, 지도학, 특히 세계를 아우를 담대한 문명론 등은 우리 시대 지리학자로 최고라는 확신을 들게 한다. 간간이 익숙한 것에 대해 새롭게 해주기에, 이 박사와의 만남은 늘 즐겁다.

그리고 내가 '대탄(大灘)'이라 하면 '한여울'이라 부르라고, 우리말의 아름다움을 역설할 때면 정말 존경스럽다. 물푸레여울, 배개나루, 흔바우나루, 똥뫼 등 지역에 사는 사람들이 불렀거나 지금도 부르는 땅이름을 발품 팔아 확인해온 탓에 더욱 그러하다.

여울지는 봄 강 아침의 신비로운 풍광

남한강을 따라가는 충주까지의 길은 나에게도 익숙한 편이다. 최근 내 페이스북에 신륵사, 여주읍내, 수청탄, 홍원장 등 조선 후기 문인화가 지우재 정수영의 남한강 사생화의 현장을 답사해 올린 바 있다(www.facebook.com/thleestory, 이태호 교수의 답사스케치, 2019년 7월~2022년 2월). 나는 잘 아는 경치를 소개하며, 이기봉 박사에게 뒤돌아봄을 권했다. 그러면서 아름다운 풍광을 공유하곤 했다.

덕소에서 팔당 강물 위로 전개되는 도성의 북쪽 산 경치, 양평 용문산과 추읍산의 세모꼴 형태미, 이포보의 해지는 낙조, 신륵사의 일출, 소백산의 녹음이 물드는 산 변화 등을 온몸으로 즐겼다. 퇴계가 존숭한 주희(朱熹)가 무이산에 은거하며 남긴 '무이산수쾌락(武夷山水快樂)'이 떠올랐다.

걸으며 다가오고 지나치는 한강-남한강도 해가 뜨고 지는 짧은 시간 못지않게 변화했다. 여울지는 봄 강의 아침, 물안개 지는 풍광은 걸음마다 바뀌는 게 신비롭기까지 했다. 남한강대교에서 강원도 원주와 충청북도 충주 사이, 그 강 풍경도 사생했다. 이기봉 박사는 부론 지역의 여울을 남한강에서 눈과 귀로 살필 수 있는 가장 으뜸이라 한다.

단양에서 풍기로, 충청도서 경상도로 죽령을 넘기 전에 나는 한나절씩 두 차례 이 박사와 따로 배와 차로 이동했다. 먼저 장회나루에서 배를 타고 구담봉, 옥순봉, 강선대, 제비봉 등 옛 진경산수화의 현장을 카메라에 담으며 사생했다. 또 밤늦게 도착해 찍지 못했던 단성면 소재지 벽화마을과 향교를 촬영했다. 마을 구석구석을 돌아보느라 발품은 더 많이 팔았다.

벽화마을에서 일행과 만나기로 한 죽령 아래 장소로 이동하며 아름

이태호, 단양 용부원 매바위마을 남근석과 여근곡, 2021.4, 면지에 수묵, 24x64cm

다운 마을로 꼽히는 단양군 대강면 용부원3리에서 여근곡을 발견했다. 덤을 보탠 셈이다. 유명한 경주 건천의 선덕여왕 일화가 전하는 유명 여근곡보다 소규모지만, 형태는 더 선명했다. 마을 위 매바위골에는 남근석이 세워져 음양의 조화를 짝맞추었기에 탄성을 지르기도 했다. 《미술로 본 한국의 에로티시즘》(여성신문사, 1998) 저자로서 내겐 신발견이었다.

죽령을 넘어 경북 풍기 땅 사과밭 위로 솟은 소백산의 모습이 최고 장관이었다. 한두 시간, 일이십 분 간격으로 뒤를 돌아보며 셔터를 눌렀다. 산 아래에서 연녹색이 황갈색조의 정상으로 번지는 게 느껴질 정도였다. 뒤돌아볼 때마다 녹음이 스물스물 산 정상으로 기어오르는 게 실감 났다. 그저 바라보는 것만으로도 좋았다. 눈 호강도 눈 호강이지만, 온몸으로 대지를 호흡해 말할 나위 없이 좋았다. 발걸음마다 저 자연의 색깔 변화를 당장 담지 못하고, 표현할 재주가 부족해 못내 아쉬웠다.

이 아름다운 퇴계길을 찾은 주인은 동행하며 길눈이를 한 이기봉 박

이태호, 소백산 준령, 2021.4, 면지에 수묵, 24x64cm

사다. 어쩌면 이 여정은 퇴계길이자 '이기봉의 길'인 셈이다. 실제 4월의 국토미를 일깨워준 이 박사! 정말 고맙다.

아흐레 퇴계길로 인생이 넘쳐나다

4월 24일 해 질 무렵 안동 도산서원에 도착했다. 그런데 퇴계길을 완주했다는 포만감보다, '괜히 걸었나?' 하는 생각이 먼저 스쳤다. 내내 산하의 풍경미를 최고로 즐기고 무릎과 허리의 통증을 감내하면서, 틈틈이 떠올랐던 화두이기도 했다. 걷는 아흐레가 전체 인생의 노정 같으려니 했으니, 그 끝에 가면 '괜시리 살았나' 하지 않을까 싶다.

어둑해진 도산서원 마당을 둘러보니, 죽어가는 듯 보이다 새잎을 늦게 내는 사백 살이 넘었다는 왕버들 두 그루가 눈에 들어 한 그루를 그렸다. 다음날 상경해서는 백악산의 정상 근처, 서울의 에너지인 부아암이 눈에 들어와 사생을 보탰다.

출발지 광화문을 지나며 정말 잘 댕겨 왔노라는 보고였다. 진정 값

이태호, 도산서원 왕버들 늦봄 새잎 나고, 2021.4, 면지에 수묵담채, 35x50.5cm

이태호, 백악산 부아암 봄 기운, 2021.4, 면지에 수묵담채, 35x50.5cm

비봉산 정상 전망대에서 굽어본 남쪽 청풍호. 왼편 멀리 월악산이 우뚝하다.

진 체험이었다. 걷는 내내 내 몸을 감도는 우리 땅 4월의 공기가 달디 달았다. 온몸으로 국토를 호흡했다. 아흐레의 퇴계길로, 어쩌면 내 인생이 넘쳐났다는 생각마저 들었다.

퇴계길을 걷고 난 직후 5월 5일부터 7일까지, 4월에 걸으면서 촬영이 미흡한 주요 장소를 차로 이동하며 사진을 보완했다. 해가 진 뒤에 도착해 사진을 못 찍은 양평 옛 관아 터 위로 솟은 용문산, 용문산과 추읍산이 떠오른 여주보, 섬강이 남한강에 합류하는 원주 흥원창을 다시 들렀다. 직행하다 빠트린 곳인 원주 법흥사 터, 청풍호, 창동 마애불 등을 찾았다.

여주보에서 볼 때, 강물 위로 솟은 삼각형 추읍산과 병풍을 친 듯한 용문산은 오후 실루엣의 겹겹이 여전하였다. 양평대교에서 연출된 남

이태호, 청풍호 하늘공원에 올라 본 월악산 능선, 2021.5, 면지에 수묵, 24x64cm

한강 일몰, 강하에서 새벽에 본 용문산 일출도 큰 울림을 주었다. 청평나루에서 케이블카로 비봉산 정상에 올라가 전망대에서 굽어본 청풍호는 정말 장관이었다. 물에 떠서 굽이굽이 너울대는 수변 산세와 남쪽으로 뾰족뾰족한 봉우리가 유난한 월악산 경관은 '우리 내륙의 산하가 이러하지!' 하는 감탄이 절로 토해졌다.

큰 틀로 보면, 이 책은 이기봉 박사의 글에 내 사진과 그림으로 꾸민 것이다. 내가 빠트린 곳은 이 박사의 사진을 활용했다. 퇴계길 여정과 그 이후 100여 점 넘게 스케치하며, 나의 국토 그리기 실력도 크게 늘었다. 그중 30여 점을 도판으로 소개한다.

1부 '육백 리 귀향길'은 이 박사가 기획해 집필했고, 내 눈에 든 미술사 관련 장소와 시점을 첨삭해 완성했다. 2부 '나의 길, 우리의 길'은 "내 삶에 들어온 퇴계 선생 마지막 귀향길"이라는 그의 표현처럼 그동안 이기봉 박사가 여러 차례 퇴계길을 찾고 만든 과정을 잘 보여준다. 이 길에 대한 남다른 애정이 담뿍하다.

4월 육백 리 퇴계길 도보여행은 이기봉 박사와 오롯이 함께했고, 나와 자주 답사해오던 티메카코리아 티제이 김 대표, 홍석근 평사리출판사 대표, 국립중앙도서관 봉성기 연구관, 최민욱 씨가 일부 구간을 빼고 동행했다. 5월 차량 이동 답사에는 덕주출판사와 무우수갤러리를 이끌고 있는 이연숙 대표와 홍 대표, 그리고 무우수갤러리 양효주 큐레이터가 함께했다. 특별히 물심양면으로 후원해준 이연숙 대표 덕택에 이 길을 완주할 수 있었고, 이를 책으로 만들어준 덕주출판사 최향금 편집장의 노고가 컸다. 이들 모두에게 감사드린다.

2022년 4월

연희동 효은서실(曉垠書室)에서 이태호

| 차례 |

2부 나의 길, 우리의 길

1부

육백 리 귀향길

여주보가 만들어지기 전 양섬 동쪽의 남한강은 거칠지 않게 조용조용 흐르던 긴 여울이었다. 여주에 와서 그 여울을 여러 번 봤는데, 수많은 작은 물결에 반짝반짝 반사되는 햇빛이 꽤나 낭만적이었다. 옛사람들은 그 풍경을 '제비여울 귀향하는 돛단배[燕灘歸帆]'로 읊고는 여주팔경의 3경으로 기록했다. 1569년 음력 3월 10일, 퇴계 선생을 태우고 배개나루를 출발한 배가 제비여울을 오르던 모습이 딱 그 풍경이었으리라.

1

서울의 경복궁을 출발하다

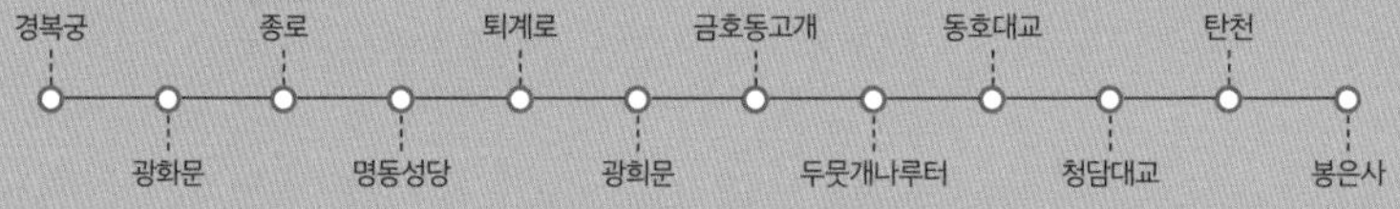

단번에 오케이!

육백 리 귀향길. 웬만하면 1년에 두 번을 가되 한 번은 홀로 즐거움을 만끽하며, 다른 한 번은 누군가와 함께 그 즐거움을 나누며 걸어가면 좋겠다. 하지만 함께 가는 것이 생각보다 쉽진 않더라.

가는 횟수가 늘어날수록 함께 가고 싶다는 사람이 조금씩 생기기는 하지만 대부분 그 먼 길을 어떻게 가냐며 따라오더라도 일부 구간만 따라오겠단다. 오십 줄 살아보니 언제부턴가 오는 사람 안 막고 가는 사람 안 붙잡는다는 말이 괜찮게 들리더라. 일부 구간이라도 따라오겠다면 그 또한 좋지 아니한가.

2021년 1월 어느 날, 전 구간을 단번에 '오케이!' 이렇게 말하는 분이 있었다. '함께 가면 영광이지!' 이런 말도 덧붙인다. 영광이라…. 육백 리 귀향길 관련하여 처음 듣는 말이다. 진심이 묻어나니 나 또한 영광이다.

그분은 전에도 그 말을 한 적이 있다.

"교수님, 요즘 사람들이 '절친'이란 말을 많이 쓰는데요, 저는 그 말을 아끼며 쓰지 않았습니다. 그런데 남들이 하도 '절친! 절친!' 해서 저도 이번에 한번 써보려고 하는데요, 다른 사람들에게 교수님을 '절친'이라고 말해도 될까요?"

"이 박사와 '절친'이면 내가 영광이지! 오케이!"

출신 학교도 연구해온 분야도 다르고, 나이도 열다섯 살이나 차이가 난다. 술도 드시지 않으니 만나서 오랫동안 대화를 나눈 적도 없다. 그런데 대답에 주저함도 군더더기도 없다. 주인공은 명지대학교 미술사학과에서 퇴임한 이태호 교수다. 절친은 다르긴 다르더라. 시원시원하게 조건을 달지 않고 단번에 오케이! 그렇게 다섯 번째 나의 육백 리 귀향길 걷기가 결정되었다.

검은 갓 쓰고 하얀 도포 입고

2020년 코로나19 세계적 대유행으로 제2회 퇴계 선생 마지막 귀향길 행사가 취소되었다. 그리고 1년이 지나 우리나라와 우리 국민의 힘을 새삼 깨닫게 만든 K-방역에 힘입어 2021년 4월 15일 경복궁 만춘전 앞에서 귀향길 행사가 다시 개최되었다.

도산서원 측은 방역 지침을 철저히 준수한다는 약속 아래 허가를 받았고, 2021년 3월 출간된 답사기 『퇴계의 길에서 길을 묻다』의 구간별 저자를 포함하여 네 명씩 릴레이 걷기 방식을 택했다. 나는 첫 번째 구간 저자로 행사 개막식에 참여해달라는 요청을 받았고, 4월 15일 만춘전 앞 행사장에 검은 갓 쓰고 하얀 도포 입은 채 앉게 되었다. 뭔가 어색한 모습의 나를 향해 웃음을 보내는 이가 여기저기서 보인다.

1569년 음력 3월 4일, 퇴계 선생은 국정의 스승이 되어 달라는 열여덟 젊은 선조 임금에게 귀향을 겨우 허락받고는 사정전(思政殿)에서 하직 인사를 올리고 경복궁을 나섰다. 2021년은 그날이 양력 4월 15일이

◀ 퇴계가 사정전에서 선조에게 하직 인사하고 출발한 곳을 기념하기 위해 도포 입고 사정문 앞에 선 걷기 대표 네 사람. 왼쪽부터 김광림 퇴계학연구원 이사장, 김병일 도산서원 원장, 이광호 국제퇴계학회 명예회장, 이기봉 국립중앙도서관 학예연구관

▼ 만춘전 앞 귀향길 행사 장면. 2021년 4월 15일

근정전 근정문

이태호, 인왕산 봄 타고, 2021.4, 면지에 수묵, 24×64cm

다. 행사가 끝나고 오후 2시쯤 걷기 대표 네 명이 사정전을 나와 근정전 옆을 돈다. 검은 갓 쓰고 하얀 도포 자락 휘날리며 걷는 모습이 주목을 끌 만하다. 주최 측에선 기념자료로 삼기 위해 연신 셔터를 누르고 온라인 생중계 카메라를 돌린다. 뭔가 주인공이 된 듯한 착각이 살짝 찾아오더라.

근정문을 지나 영제교를 넘고 홍례문을 통과해 뒤를 돌아본다. 경복궁을 끌어안은 백악(북악)과 인왕산이 한눈에 들어온다. 궁궐이 산 능

경복궁 품격을 끌어안은 백악과 인왕산(좌) 능선, 광화문 안쪽에서

선 굴곡과 어울려 품위진다. 경복궁을 나서 광화문에 선다.

기념 촬영 후 걷기 대표 네 명과 일반 참여자들이 옹기종기 대화를 나누며 세종대로를 걷는다. 한참 이야기를 나누며 걷다가 '여기가 어디예요?' '어디로 가야 해요?' 묻는 이가 태반이다. 혹시라도 일행이 길을 잃지는 않을까 앞서 걷다가 뒤를 돌아보길 여러 번이고, 가끔은 맨 뒤로 돌아와 점검을 한다. 그렇게 광희문에 도착하고, 한강가 옥수역 두뭇개나루터공원에 이른다.

도산서원 측의 오늘 행사는 여기가 끝이다. 퇴계 선생이 마지막 귀향길 첫날 도착하여 하루를 묵은 곳이 두뭇개나루 근처 어디이기 때문이다. 나와 이태호 교수, 김태진 사장, 홍석근 대표 우리 일행 넷은 주최 측과 헤어져 봉은사까지 간다.

이제부터 검은 갓과 하얀 도포는 반납하고 평상복 차림으로 걷는다. 퇴계 선생 귀향길 13박 14일 행사 일정과 상관없이 우리는 9일 만에 안동 도산서원에 도착하는 일정이다.

다시 광화문으로

"자, 두 줄로 서세요. 앞줄은 앉으시고 뒷줄은 조금만 가까이 서 주시겠습니까? 좋습니다. 자, 여기 보세요. 찰칵! 다 되었습니다. 이제 출발합니다!"

여러 사람이 북적북적 출발하는 행사 때 광화문은 기념사진의 배경일 뿐이다. 행사 땐 어쩔 수 없기는 하지만 그렇더라도 광화문을 이리 떠나서는 좀 아깝다. 나 홀로 출발할 때도, 둘이 셋이 넷이 함께 떠날 때도 광화문이 기념사진의 배경인 건 같다. 하지만 9일 먼 길 걷기의 첫 출발점이기에 광화문은 나에게 살아있는 듯 인사를 나누는 친구이기도 하다. 광화문을 배경으로 여러 차례 사진을 찍은 후 출발하면서 때론 마음속으로, 때론 작은 소리로 말한다.

"어이, 광화문 양반. 나 이제 육백 리 귀향길 출발한다오. 잘 계시오."

광화문과 인왕산

"잘 가시오. 그리고 도산서원에 무사히 잘 도착하시오."

온갖 재앙을 막아준다는 문 앞 좌우 해치상이 잘 다녀오랜다.

그러곤 가족과 가까운 지인들에게 사진과 문자를 날린다.

'광화문 출발~~'

바로 답장이 오기도 하고, 30분 후에, 1시간에서 2시간 사이에 오기도 한다. 때론 하루 걷기가 다 끝날 무렵에 오기도 한다. 어느 것이든 다 좋다. 누구에게도 연락하지 않은 채 혼자 조용히 출발하고 혼자 조용히 걸어가며 혼자 조용히 도착하는 것도 괜찮다. 사람마다 다르고, 다름은 존중받아야 할 개성이니까.

우리나라에만 있는 풍경

광화문에게 인사를 마치고 세종대로를 남쪽으로 걷다가 세종대로 사거리에서 문득 뒤를 한번 돌아본다. 우리나라에서만 볼 수 있는 봄의 풍경이 펼쳐진다. 하얀색의 거대한 화강암 북악산이 녹음의 봄빛으로 단장한 채 우뚝 솟아 있고, 뒤로는 북한산 보현봉의 뾰족한 바위 정상이 아스라이 겹쳐진다. 그 아래 방금 떠나왔던 광화문이 다소곳하

재앙과 화재를 막아준다는, 광화문 좌우에 놓인 해치상. 조선 말 이세옥(李世玉) 조각

광화문 뒤로 우뚝 솟은 백악산과 멀리 보이는 북한산 보현봉 정상

고, 서쪽으론 백호(白虎) 인왕산이 폭 안아준다.

가깝게 중국에도, 일본에도, 동남아에도, 인도에도 없는 풍경이다. 멀리 이슬람 지역에도, 유럽에도, 아프리카에도 없는 풍경이다. 아주 멀리 중앙아메리카에도, 남아메리카에도 없는 풍경이다. 그들 나라와 지역에서 궁궐은 산이 저 멀리 달아난 완전 평지, 언덕이나 낮은 야산 위에 하늘 높이 솟아 있다. 그러니 궁궐 뒤쪽에 웅장한 산이 보일 리 없다.

우뚝 솟은 웅장한 산, 그 아래 궁궐이 다소곳 아담에게 폭 안겨 있는 풍경. 우리에겐 익숙한 풍경이지만 다른 나라 다른 지역에는 없고 우리나라에만 있는 풍경이다. 풍수가 좋든 나쁘든 우리 조상들이 풍수의 논리로 저 풍경을 만들어놓았기에, 지금 우리의 수도 서울은 산이 도시 깊숙이 들어와 사람과 자연이 늘 함께 하는 아름다운 공간이 되었다. 저 풍경을 만들어준 우리 조상께 마음으로 감사의 인사를 드린다.

위에서부터 종로 빌딩숲, 보신각, 청계천, 명동거리

도심을 걷다

세종대로사거리에서 동쪽으로 꺾어 종로 거리를 걷는다. 빌딩 숲이다. 내가 이 길을 이렇게 쭉 걸어볼 수 있을지 상상이나 했겠는가. 다 퇴계 선생 덕분이다. 대학교 2학년 87년 민주항쟁 때 '직선 개헌! 독재 타도!'를 외치며 건던 길이다. 지금 그 함성은 역사가 되었고, 민주화된 대한민국은 번영하고 있다.

민주화는 우리 현대사의 반쪽이다. 다른 반쪽은 경제발전이다. 1960년대 이후 경제발전 없는 민주화가 있을 수 없었고, 1990년대 이후 민주화 없는 경제발전의 재도약 또한 있을 수 없었다. 개발 세력, 민주화 세력 둘이 치열하게 치고 박고 싸워온 역동적 역사이기에 세계사에 유례를 찾아보기 힘든 빠른 경제성장과 높은 수준의 민주주의를 성취하여 지금의 번영에 이르렀다.

열혈 지지자는 자기 편이 길게 압도적으로 이기기를 바란다. 하지만 고이면 썩는다는 것은 역사의 진리다. 서로 다른 비전을 가진 정치 세력의 치열한 싸움과 반복적 교체 속에 국가와 국민의 발전이 있다. 특히 현대는 더 그렇다. 그런데 그 싸움은 많이 아프다. 사람만이 아니라 국가의 역사도 아픈 만큼 성장하는 거다.

육백 리 귀향길은 종각역에서 남쪽으로 꺾어 횡단보도를 건너고 남대문로를 향한다. 그 길 반대편에 보신각이 서 있다. 크고 웅장하진 않지만 예스럽고 아름답다. 매해 12월 31일 밤, 수만 명의 인파가 모여 묵은해를 보내고 새해를 맞이하는 타종 행사가 열리는 곳이다.

가까이 가서 자세히 보고 싶은 마음이 잠시 일어난다. 하지만 먼 길 걸어갈 땐 쉬어갈 타임이 아니라면 건축물의 아름다움을 하나하나 뜯어보며 길게 구경하면 안 된다. 그러면 길을 못 간다. 유적 답사가 아

북고개(종현) 언덕 위의 명동성당

니라 먼 길 걷기다. 길 건너편에서 핸드폰 셔터를 눌러 사진이나 한 장 '찰칵!' 찍고 스쳐 간다.

청계천의 광교를 건너 을지로입구역을 지나고 롯데백화점 앞에서 길을 건너 명동길로 접어든다. 나이가 들자 잘 오지 않던 길이다. 그래서 나에게 명동길을 걷는 것은 새롭다. 쇼핑의 천국이라지만 내가 쇼핑에 관심이 없는 사람이라 그런지 눈에 잘 들어오진 않는다. 다양한 길거리 먹거리, 북적북적한 인파 속에 외국인이 절반인 풍경이 인상적이다. 그 명동길 끝에 명동성당이 있다.

1898년 명동성당은 지대가 높은 북고개[鍾峴] 위에 세워졌다. 지금은 높은 건물들로 둘러싸여 웅장함이 별로 느껴지지 않지만 세워질 당시만 해도 서울의 도성 안 웬만한 곳에서는 다 보이는 최고의 랜드마크였다.

성당 입구 맞은편에는 〈오우가〉, 〈어부사시사〉 등 조선 가사문학의 효시로 꼽히는, 해남 녹우당 출신 고산 윤선도(1587~1671)의 집터 표지석이 있다. 〈자화상〉으로 유명한 문인화가 공재 윤두서(1668~1715)가 그의 증손자다. 윤두서의 별호가 북고개 기슭 혹은 벼랑이라는 뜻의 '종애(鍾崖)'인 것은 바로 이 북고개 언덕 종현에 살았기 때문이겠다. 또 윤두서의 증손자인 윤지충(1759~1791)이 정조 때 진산사건에 연류되어 첫 천주교 순교자였던 점은 현재 명동성당이 세워진 위치를 가늠하게 한다.

명동성당 맞은편 농협은행 현관 구석의 '윤선도집터' 표지석

사람마다 다르겠지만 50대 중반의 나에게 명동성당은 역사 명소다. 87년 민주항쟁의 상징적 중심으로서 명동성당의 역할은 어마어마했다. 민주화의 성지였다. 그러니 잠시 멈춰 명동성당을 배경으로 인증사진을 찍지 않을 수가 없다.

찰칵! 이곳이 87년 민주항쟁의 그 현장이라오.

명동성당을 지나면 곧바로 명동성당사거리다. 횡단보도를 건너려 잠시 서서 반대편을 바라보자 '마른내로' 표지판이 보인다. 서울 도심에서 몇 안 되는 우리말 땅 이름의 도로명이다.

비가 오지 않을 때는 항상 말라 있는 마른내[乾川]가 있어 그곳의 마을 이름을 마른내골[乾川洞]이라 불렀다. 그리고 이 동네에 퇴계 선생의 서울집이 있었다. 선조 임금에게 하직 인사를 드리고 경복궁을 나선 퇴계 선생은 마른내골 서울 집에 잠시 들러 휴식을 취한 다음 다시 길을 나섰다. 아쉽게도 퇴계 선생의 마른내골 서울 집이 구체적으로 어디에 있었는지는 모른다. 지금은 '퇴계로'란 이름으로만 퇴계 선생을 기린다.

마른내로는 명동성당사거리에서 광희동사거리까지 쭉 이어져 퇴계로와 만난다. 도심에선 핵심 지역이 아니기에 높은 빌딩 숲은 아니다. 사람 냄새가 나는 길 중의 하나라고나 할까. 나는 처음 가는 길이기에 낯설기만 했는데, 첫 번째 함께했던 70대 초반의 김덕현 교수는 연신 추억을 되짚느라 이야기가 바빴다. 명보사거리에 이르자 명보극장이 어떻고, 근처 다방이 어떻고…. 세대 차이가 느껴졌다. 지금은 명보극장이 세련된 이름의 명보아트시네마로, 명보아트홀로 바뀌었다.

명보아트홀 앞쪽에 있는 이순신 생가터 표지석

명보아트홀 앞쪽 길가에 충무공 이순신 생가터 표지석이 있다. 이순신 장군이 나고 자란 곳도 마른내골[乾川洞]이란다. 행여나 연세 지긋한 퇴계 선생과 어리거나 젊은 이순신 장군이 마른냇골 길가에서 마주치지는 않았을까.

그렇게 마른내로를 따라가면 광희동사거리에서 퇴계로를 만나고 100m쯤 더 가면 광희문이다. 광화문에서 4km 1시간 정도 거리다. 첫 번째 쉼터다.

광희문 부근

광희문이 만든 그늘 아래에서 휴식을 취하는 일행

광희문 성곽. 크기가 제각각인 네모 돌을 조화로이 쌓은 모습이 마치 추상화 같다.

광희문에서 잠시 쉬고

아담하다 못해 귀여운 광희문 앞쪽에 벤치가 있다. 거기서 잠시 쉰다. 도심을 4km나 걷는 것, 일생에 그런 일은 있기가 쉽지 않다. 퇴계 선생이 배를 탔던 두뭇개나루[豆毛浦]에 가려면 서울 성곽의 동남쪽 작은 문인 광희문을 지나야 했고, 그래서 서울 도심을 동서로 가로질러 가는 색다른 경험이 가능했다.

광희문은 남쪽에 있는 작은 문이라는 뜻의 남소문(南小門)이라고도 불렀고, 도성 안에서 죽은 시신(屍身)을 내보내는 시구문(屍口門)라고도 불렀다. 원래 15m 북쪽의 퇴계로 한가운데에 있었는데, 한국전쟁 때 폭격을 맞아 문루가 파괴되었다. 1975년 퇴계로를 정비할 때 지금의 위치로 옮기면서 문루까지 복원했다. 조선 후기 돌을 잘 다듬어 켜켜이 쌓은 옛 성곽이 추상화 같다.

10분 휴식 후 다시 길을 나선다. 서울 성곽을 따라 남쪽으로 뻗은 청구로가 옛길이다. 와본 적도 없고 번화한 길도 아닌 평범한 길이니 인도를 따라 그냥 열심히 걷는다. 5호선의 청구역을 지나고 조금 더 가면 별로 험하지 않은 작은 고개를 넘는다. 지금 그곳은 금호동으로 넘어가는 고개라 하여 '금호동고개'라 부른다.

옛날엔 금호동 지역에 무쇠를 다루는 대장간이 많아 마을 이름이 무쇠막(水鐵里)이었고, 그래서 무쇠막으로 넘어가는 고개라 하여 무쇠막고개라 불렀다. 지금도 그 지역엔 무수막길, 무쇠막생고기, 무쇠막부동산 등의 이름이 보인다. 나야 옛날 이름이 더 정겹게 들리지만 옛날과 지금 모두 소중하니 그냥 둘 다 알고나 가자.

바로 이어진 5호선 지하철의 신금호역은 흔치 않은 오거리라 헷갈릴 수 있으니 신경 써서 길을 찾는다. 5번 출구 부근에서 서남쪽으로 뻗은 금호산길이 두뭇개나루로 가는 옛길이다. 왕복 2차선의 좁은 길이고 경사도 심한 편이지만 인도가 있으니 조심하며 걸어가면 위험하진 않다.

금호산길 끝에서 장터길을 만나 횡단보도를 건너고 왼쪽(동쪽)으로 꺾어 가다가 다시 오른쪽(서쪽)으로 꺾어 넓은 독서당로 고개길을 걷는다. 그 고개길 끝 옥수사거리에서 횡단보도를 건너 고가도로 옆으로 난 좁은 독서당로40길을 따라 옥수역까지 가고, 다시 옥수역사거리에서 횡단보도를 건너면 두뭇개나루터공원이 어서 오라 손짓하며 우리를 기다린다.

광화문에서 8km 2시간, 광희문에서 4km 1시간 정도 거리다. 두 번째 쉼터다.

신금호역-장터길 부근

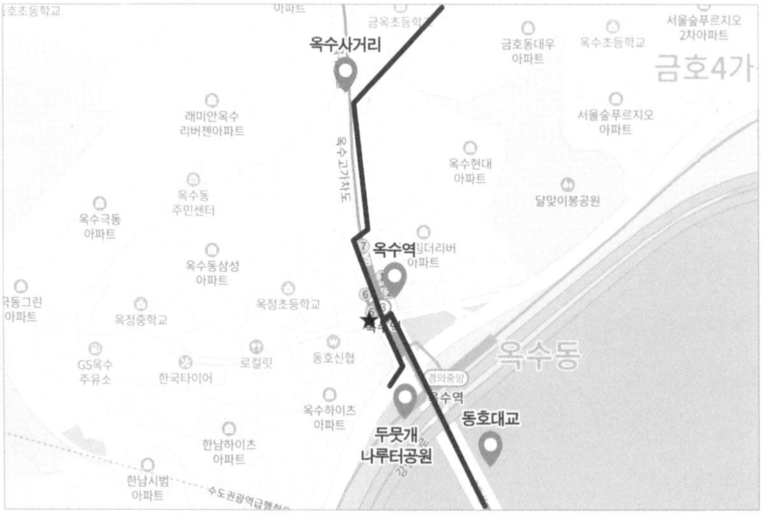

옥수역 부근

★ 두뭇개나루터공원에서 동호대교 올라가는 길 : 옥수역 5번 출구 계단을 올라가 옥수역 안으로 들어가지 않고 계속 위로 올라간다.

두뭇개나루에서 보이는, 동호 위로 전개되는 청계산(좌)과 관악산(우)

두뭇개나루터공원

두뭇개나루터공원은 작고 아담하지만, 거대한 느티나무가 그늘을 제공하고 앉을 의자도 충분하여 느긋하게 쉬어가기에 딱 좋다.

지금은 주변이 온통 아파트단지고 경의중앙선의 옥수역이 한강 풍경을 막고 있지만 퇴계 선생이 길을 가던 그때, 이곳은 북쪽의 매봉(鷹峯)을 중심으로 산줄기가 좌우로 아늑하게 둘러싸고 깊고 푸른 한강과 저 멀리 남쪽의 관악산과 청계산, 동남쪽의 남한산성 청량산 자락이 어우러진 멋진 풍경을 갖고 있던 명승이었다. 그래서 도성 안 왕실과 고위 관료들의 별장이 많았고, 나루터 앞의 한강에선 심심찮게 풍경놀이 배를 띄워 잔치가 벌어졌다.

기해동정(己亥東征)이란 표지석도 볼 수 있다. 기해(己亥)는 1419년 기해년(己亥年)을 가리키고, 동정(東征)은 '동쪽에 있는 일본의 대마도를 정벌한다'는 의미다. 고등학교의 국사책에 나오는 이종무의 대마도 정벌을 가리키는데, 당시 막 즉위한 세종과 상왕의 자리로 물러난 태종 두 임금이 직접 나와서 이종무 등 대마도를 정벌하기 위해 떠나는 무관과 군사들에게 출정식을 거행했던 곳이 바로 두뭇개나루터였다. 밑가지가 부채처럼 갈라진 늙은 느티나무만이 옛 흔적의 세월을 말해준다.

34세에 과거에 급제한 퇴계 선생이 늦은 나이인 41세에 국가의 인재로 선발되어 공부했던 동호독서당도 이 지역에 있었다. 풍경 좋은 곳에서 머리 식히며 공부 열심히 하라는 뜻으로 세운 듯하다.

독서당터 표지석

두뭇개나루터공원에 도착하기 전 잠시 걸었던 독서당로의 이름이 동호독서당에서 유래한 것이다. 독서당로를 따라가다 보면 옥수 극동아파트 정문 근처에서 독서당터 표지석을 만날 수 있다. 하지만 이곳에 들르면 너무 돌아가니 잠시 길 이름의 의미를 떠올린 다음 지나가기로 한다.

퇴계 선생과 동호독서당 동기였던 정유길(鄭惟吉, 1515~1588) 선생의 별장 몽뢰정(夢賚亭)도 이 지역에 있었다. 선생은 마지막 귀향길의 첫날 밤을 몽뢰정에서 보냈는데, 아쉽게도 그 위치가 어딘지 지금은 알 수가 없다.

두뭇개나루터 늙은 느티나무 봄 맞고

기해동정 표지석과 두뭇개나루를 수백 년간 지켜온 느티나무

남산 오른편으로 이어진 매봉과 두뭇개나루터. 현재 동호대교가 가로지른다.

동호대교를 건너서

두뭇개나루터공원에서 10분간 휴식 후 다시 길을 떠난다. 퇴계 선생은 이곳에서 배를 탔지만 우리는 걸어서 그 길을 따라가기에 동호대교 위로 한강을 건넌다. 처음 오는 사람에게 동호대교로 올라가는 길은 조금 어렵다. 5호선 옥수역 5번 출구에서 계단을 오르는데 옥수역 역사로 들어가지 않고 계속 오르면 바로 동호를 가로지르는 동호대교 위에 이른다.

한강 위에는 수많은 다리가 있다. 그 다리를 한 번도 건너보지 않은 사람에게 걸어서 다리를 건너는 것은 좀 무섭기도 하다. 동호대교의 가운데에는 3호선의 지하철이 지나가고 양쪽으로 자동차도로와 인도가 있다. 인도를 따라 걸으면 안전하니 너무 겁먹지 않아도 된다.

광화문에서 광희문까지, 광희문에서 두뭇개나루터공원까지 빌딩숲 아파트숲을 지나며 탁 트인 먼 풍경을 만나지 못했다. 먼 풍경의 첫 번째 만남이 동호대교다. 동서로 넘실거리며 흐르는 푸른 한강물과 저

한강 남단에서 바라본 성수대교와 북한산 능선

멀리 굽이굽이 이어진 관악산과 청계산의 초록색 산줄기가 눈과 마음을 시원하게 해주고, 솔솔 불어오는 바람이 얼굴을 스치고 옷 사이를 스며든다.

동호대교 중간쯤에서 뒤로 돌아 북쪽을 한번 바라본다. 지금은 아파트숲으로 변했지만 그래도 북쪽의 매봉(鷹峯)을 중심으로 산줄기가 좌우로 둘러싼 아늑함이 조금은 남아 있다. 남산 오른편으로 북한산 능선들이 아스라이 겹쳐지며 아직도 봐줄 만한 한 폭의 그림이다. 해질녘 하늘 아래 보현봉과 삼각산 능선이 아름답다.

그 옛날 두뭇개나루 앞에는 거대한 모래섬 저자도(渚子島)가 있었고, 나루와 섬 사이의 한강은 호수같이 깊고 잔잔해서 뱃놀이를 하기에 딱 좋았다. 그래서 이곳을 서울 동쪽에 있는 호수란 뜻의 '동호(東湖)'라고 불렀다. 동호에 배 띄우고 저자도 모래섬에 내려 이별시를 주고받던 풍경, 지금으로부터 450여 년 전인 1569년 3월 5일 오전, 떠나가는 퇴계 선생과 떠나감을 아쉬워하던 고위 관료들 사이에 벌어졌던 풍경이다.

해질녘 한 폭의 그림 같은 북한산 능선

1970년대 모래섬 저자도는 홍수 때 한강의 물길을 틔워주기 위해, 그리고 강남 압구정동의 현대아파트를 지을 모래를 공급하게 위해 파내면서 사라졌다. 지금 동호대교의 한강은 옛날에 비해 세 배는 넓다.

동호대교에서 봉은사까지

광화문에서 출발하여 광희문과 두뭇개나루터공원을 거쳐 동호대교에 이르는 길은 복잡하다. 그래서 혹시라도 헤맬까 걱정되어 소개가 자세하고 길어졌다. 반면에 동호대교에서 봉은사 가는 길은 거의 국토종주 자전거길만 따라가면 되기에 눈과 마음 시원하게 정화하며 편안하게 걸어가기만 하면 되는 길이다.

동호대교 밑을 지난 국토종주 자전거길의 한강가에는 어릴 적 고향 동네의 뒷산에서 흔하게 보았던 아기사과나무가 100m 이상 줄지어 군락을 형성하고 있다. 봄이면 빨간 꽃이 녹음 짙은 잎과 어우러져 선명하고, 초가을이 되면 다닥다닥 붉은색 작은 아기사과가 가지마다 휘어질 듯 그득하다. 나는 이곳을 지날 때마다 그 예쁜 모습에 취해 늘 걸음을 멈추었다. 붉은 꽃과 열매 그리고 푸른 잎이 한강과 아파트숲과 북한산과 겹쳐지면 정말 멋지고 아름답게 변하더라.

곧이어 성수대교 밑을 지나면 한강의 반대편이 서울숲이다. 앞쪽으로는 멀리 영동대교가 보이는데 언제 저기까지 가려나 살짝 걱정이 된다. 하지만 간혹 푸득거리는 오리, 물위로 솟구쳐 오르는 물고기, 길가 여기저기 피어난 노란 들꽃의 한강 풍경을 눈에 담으며 걷다 보면 금새 영동대교 밑이다. 두뭇개나루터공원부터 대략 4km 1시간, 한번쯤 쉬어갈 타임이다. 다리 밑의 그늘에서 두런두런 이야기 나누며 잠시 쉰다.

5분 휴식 후 다시 걷기 시작하며 앞쪽을 바라보니 1층은 7호선의 지하철, 2층은 자동차도로인 청담대교가 멀지 않다. 청담대교를 지나면 곧바로 탄천과 한강의 합류점이다. 올림픽대로 밑의 그늘이 크고 벤치도 많아 자전거 타는 사람들이 많이 쉬어가는 곳이다. 간단한 먹거리도 판다. 하지만 우리는 영동대교 밑에서 쉰지 얼마 안 되었으니 그냥 스쳐간다.

초가을에 만나는 아기사과나무

아기사과꽃

퇴계 선생이 마지막 귀향길을 갈 때 한강본류는 잠실섬 남쪽의 석촌 호수를 지나 탄천 하류로 이어졌고, 그 입구에 지금은 물길이 메워져 사라진 작은 섬 무동도(舞童島)가 있었다. 퇴계 선생은 무동도 좁은 물길을 따라가다 배를 대고 봉은사에 올라 둘째 날 밤을 보냈다.

봉은사에 가려면 탄천가를 걷다가 약 300m 지점의 봉은교 밑에서 계단을 이용하여 위로 올라간다. 그리고 두 번 횡단보도를 건너고 봉은사로를 따라 5분 정도 걸어가면 봉은사역이고, 곧바로 우리의 첫날 목적지인 봉은사가 그 모습을 드러낸다.

아~ 봉은사!

봉은사가 어떤 절인가.

794년(원성왕 10)에 연회국사가 창건하여 견성사(見性寺)라 하였고, 1498년(연산군 4)에 정현왕후가 남편 성종의 무덤인 선릉을 위해 능의

탄천과 한강이 합류하는 지점. 종합운동장 왼편으로 멀리 123층 롯데타워가 새로 등장했다.

동편에 있던 이 절을 크게 중창하고 봉은사(奉恩寺)로 개칭했다. 1551년(명종 6)에 선종의 본사로 삼았고, 중종의 왕비이자 명종의 어머니이며 독실한 불교신자였던 문정왕후(1501~1565)가 보우(1509~1565)를 주지로 임명하여 불교를 중흥시키는 중심도량으로 만들었다.

열두 살 어린 아들이 임금의 자리에 오르자 수렴청정을 한 문정왕후가 동생 윤원형(1503~1565)과 함께 을사사화를 일으켜 많은 사림(士林)을 죽였다. 문정왕후가 세상을 떠나자 살벌한 보복이 시작되었고 보우도 예외가 아니었다. 율곡 이이(1536~1584)가 '요승 보우를 논하는 상소'를 올리자 보우를 엄벌하자는 주장이 들불처럼 타올랐고, 결국 보우는 제주도로 유배되었다가 참형을 당했다. 이때 영남 지역 유림들 사이에서도 통문을 돌려 대궐로 가서 상소를 올리기로 했는데, 퇴계 선생이 무리 지어 상소하는 것은 유자(儒者)가 할 일이 아니라고 말려서 예안

탄천-봉은사 부근

과 안동 지역 유림들은 참여하지 않았다. 이런 인연으로 퇴계 선생이 마지막 귀향길 둘째 날 밤을 봉은사에서 편히 유숙할 수 있었다고 보는 것이 도산서원 측의 견해다.

그런데 육백 리 대장정을 떠나는 우리에게 봉은사의 역사가 아무려면 어떤가. 강남을 대표하는 가장 현대적인 장소 중 하나인 코엑스 맞은편에 전통 건축물로 가득한 봉은사가 있다. 강남에서 현대와 전통이 어우러진 한국식 풍경을 봉은사보다 더 잘 느낄 수 있는 곳이 있을까.

육백 리 귀향길을 처음으로 가던 2019년 1월 6일 캄캄한 토요일 저녁, 광화문을 출발했던 다섯 사람은 봉은사 정문을 바라보며 첫날 15km 구간을 별 탈 없이 무사히 도착했다는 안도감과 성취감에 젖었다. 그러곤 봉은사 정문 앞에서 역사적인 기념촬영을 한 다음 곧바로 저녁 식사를 위해 근처 식당을 찾았다. 봉은사를 구경하는 건 큰 관심사가 아니었다. 광화문을 출발해 생애 처음으로 5시간을 걸어 봉은사 정문 앞에 무사히 섰다는 것, 그것만이 중요했다. 그날 저녁, 다섯 사람은 설렁탕에 막걸리 한잔 기울이며 걸어온 길 이야기를 짧게 나누고 헤어졌다. 다음 날 25km를 또 걸어가야 하는 일정이 잡혀 있어 길게 즐기지는 못했다.

2021년 4월 15일, 광화문을 출발한 또 다른 네 사람이 어둑어둑한 저녁 6시 무렵 봉은사 정문 앞에 섰다. 역시 안도감과 성취감에 두 팔을 올려 기념촬영을 하곤 근처 식당을 찾았다. 이번엔 막걸리 대신 소주 한잔 걸치며 걸어온 길 이야기를 짧게 나누고는 다음 날 32km의 일정을 위해 각자 집을 향해 헤어졌다.

육백 리 귀향길을 처음으로 걸어가는 사람이라면 봉은사 정문 앞에 섰을 때 우리와 별반 다르지 않으리라. 하지만 조금 아쉽긴 하다. 2시

해질녘 노랗게 물든 삼월삼짇날 초승달

간 정도, 조금 더 길게 조금 더 깊은 추억을 만들어도 괜찮지 않을까 싶다. 그 정도면 다음 날 일정에도 별 무리는 없다.

2

강남에서 남양주로

팔당에서 만난 두 개의 멋진 풍경

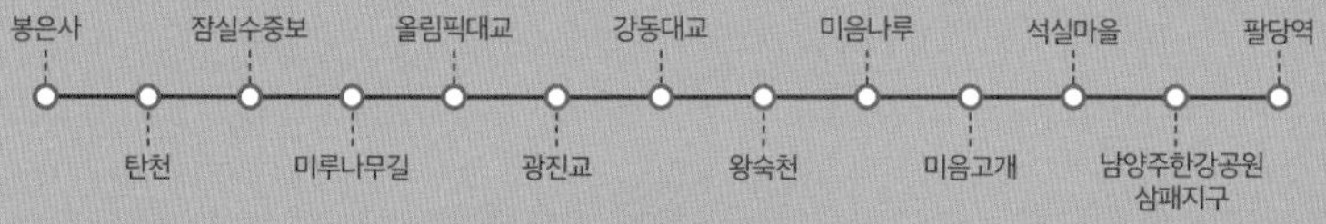

부지런한 사람이 봉은사를 구경하더라

4월 16일 금요일엔 다시 도서관에 출근했다. 그리고 그 다음 주 5일 전체를 휴가 내어 토-일-월-화-수-목-금-토 8일을 연속으로 걸어 도산서원에 도착하고 일요일 하루 쉬었다가 월요일에 출근하는 일정으로 잡았다. 만약 4월 15일 목요일 행사만 없었다면 금요일과 그 다음 주 5일 전체를 휴가 내어 9일 연속으로 걸어가고 일요일 하루 쉰 다음 출근하는 일정으로 잡았을 텐데 좀 아쉽다.

토요일 9시, 육백 리 귀향길 둘째 날 일정은 강남구 봉은사에서 시작된다. 나는 아주 부지런하지도, 아주 게으르지도 않다. 가끔 약속시간에 늦은 적이 있지만 대체적으로 약간 일찍 가거나 비슷한 시간대에 도착하는 편이다. 이번에 육백 리 귀향길이 나는 다섯 번째고 나머지 세 분은 처음인지라 책임감에 조금 서둘러서 10분 전에는 도착했다.

도착할 즈음 전화를 걸었다. 일찍 일어나는 새가 벌레를 잡아먹는다고 했던가. 두 분은 1시간 30분 전, 1시간 전에 일찌감치 도착하여 봉은사 여기저기를 구경하고 계신단다. 한 분만 나와 비슷한 시간대에 도착했다. 참말로 부지런한 분들이다.

아주 게으른 사람도 아주 부지런한 사람도 아닌 나는 당연히 봉은사를 구경하지 못했다. 그렇다고 아쉬운가? 아니다. 아쉽지 않다. 굳이 왜 봉은사를 구경해야 하지? 봉은사 답사면 나도 당연히 봉은사를 구경한다. 하지만 육백 리 귀향길 걷기이기에 구경할 사람은 구경하고 구경하지 않을 사람은 구경하지 않으면 된다. 늦어서 다른 이에게 폐를 끼치지만 않으면 그것으로 나는 족하다.

봉은사에는 추사 김정희(1786~1856)가 말년에 왕래하며 남긴 '판전(板殿)'과 '대웅전(大雄殿)' 현판이 걸려 있으며, '판전'은 세상을 떠나기 직전에 썼다는 명작 추사체로 유명하다. 조선 말 왕실 사찰로 큰 역할을 했던 듯, '홍선대원위영세불망비(興宣大院位永世不忘碑)'도 있다.

봉은사를 떠나며

홀로 가나 여럿이 함께 가나 봉은사 정문에서 출발 인증 샷은 기본이다. 나 혼자라면 나는 무조건 셀카만 찍는다. 내성적이고 수줍은 성격의 소유자니 그게 제일 편하다. 그런데 외향적인 김 사장님은 셀카만의 자연스런 맛도 있다며 셀카도 찍고, 지나가는 사람에게 부탁하여 모두 멋지게 폼 잡고 찍기도 한다. 다 좋다. 함께 가는데 굳이 내성적인 내 성격을 고집할 필요가 있나. 함께 갈 때 기념사진 찍기는 가장 외향적인 사람의 방식을 전적으로 따라주면 모두가 즐겁더라.

"봉은사 양반. 둘째 날 당신 앞에서 출발하게 되어 영광이오. 잘 지내시오."

"영광이요? 나도 영광이요. 무사히 잘 도착하시오."

봉은사를 출발한 우리는 봉은로를 따라 봉은교 앞에까지 가서 계단으로 내려가 탄천가를 걷는다. 그리고 약 300m를 더 가면 한강과 탄천

봉은사 일주문

흥선대원위영세불망비

하늘을 덮은 봉은사 대웅전 앞 경내 초파일 준비등

추사 김정희가 쓴 '판전' 현판

봉은사 판전 내부 북벽에 쌓여 있는 불경판

의 합수점이고, 거기서부터 한강가 국토종주 자전거길을 따라 본격적인 걷기 여행을 시작한다.

한강시민공원과 국토종주 자전거길의 특별함

탄천 하구 다리에서 남쪽으로 보면 대모산이 한눈에 보인다. 신라 말 산성터가 정상에 남아 있고, 한강 너머 서울의 자연 전경이 한눈에 드는 터다. 탄천을 건너자마자 잠실종합운동장 주경기장이 오른쪽에 보인다. 88서울올림픽 때 10만 명의 함성과 함께 성대한 개막식이 열렸던 메인스타디움이다.

잠실종합운동장부터 광진교까지 약 6km에 걸쳐 다 한강시민공원이다. 넓고 평평한 둔치가 꽃과 나무를 심은 정원, 간이 운동장, 자전거

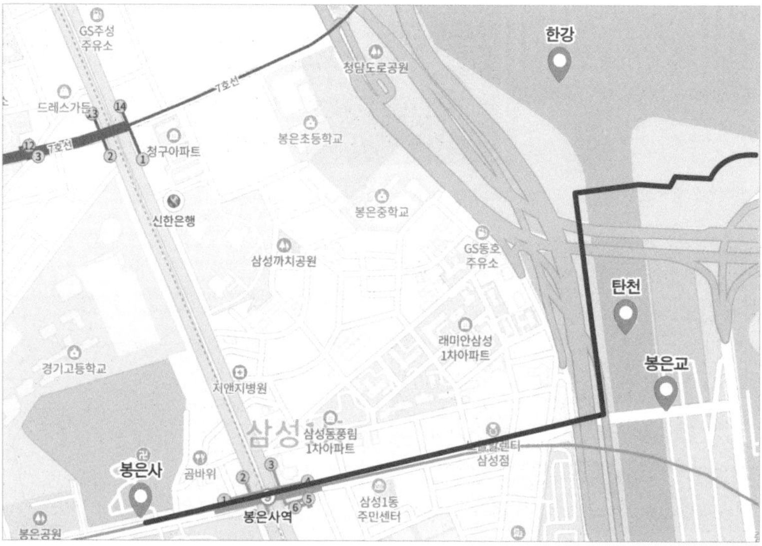

봉은사-탄천 부근

대모산 봄 경치

탄천 하구 한강과 만나는 합수지점에서 보이는 대모산

잠실공원 강변 산책로와 자전거길

길과 산책로를 넉넉히 포용하고도 남는다. 곳곳엔 편의점이 먹거리를 제공하고, 일렁일렁 넓은 한강과 도시 그리고 그 바깥으로 북한산과 아차산의 산과 산줄기가 아스라이 펼쳐진다.

인공과 자연, 뭐 하나 빠질 것 없는 아름답고 조화로운 풍경의 한강시민공원엔 4월의 봄을 여유롭게 즐기는 서울 시민들로 가득하다. 이보다 더 멋진 강가의 시민공원이 지구상에 또 있을까. 세계 6대 마라톤 완주가 꿈이고 벌써 5대 마라톤을 다녀온 동료 선생님은 세계의 도시 속 많은 강을 가보았지만 서울의 한강만큼 멋진 풍경을 본 적이 없다고 말한다.

고등학교 때 프랑스 파리의 세느강을 언급하며 한강을 폄하하던 지리 선생님의 이야기가 생각난다. 유람선이 유유히 떠다니는 파리시내 세느강가의 카페에 앉아 여유를 즐기는 파리 시민들이 부럽다고 했다. 한강은 서울을 동서로 관통하기는 하지만 쓸데없이 넓은 둔치가 가운데 끼어 파리 같은 여유로운 정취를 느낄 수 없어 창피하다나.

하상계수(河狀係數)라는 것이 있다. 비가 가장 많이 올 때와 가장 적게 올 때 강물의 유량 차이를 비교한 수치다. 서울의 한강은 393:1이다. 서울은 장마철처럼 비가 올 땐 왕창 오고, 봄 가뭄처럼 비가 안 올 때는 한참 동안 안 온다는 말이다. 그래서 비가 왕창 올 땐 물에 잠기고 그렇지 않은 대부분의 시기엔 물에 잠기지 않는 둔치가 엄청 넓고 평평하다.

세느강은 하상계수가 23:1 정도다. 비가 왕창 오지도 가뭄이 오래 지속되지도 않는다는 의미로 강가의 둔치가 없거나 있더라도 좁다. 유럽 서안해양성 기후의 전형을 보여준다. 그래서 프랑스 파리를 관통하는 세느강의 강폭이 좁고 둔치가 없어 유람선이 둥둥 떠다니는 강물 바로 옆에 도로와 카페가 들어설 수 있는 거다.

우리가 못살던 시절, 시골에서 한강가의 넓은 둔치는 농작물을 심어봐야 장마철 물에 잠겨 다 망치니 쓸모없는 황무지였을 뿐이다. 대도시 서울에서도 한강물과 도시의 건물들 사이에 쓸데없이 넓은 황무지가 끼어 있으니 프랑스 파리의 세느강과 같은 풍경은 만들어질 수 없었다. 고등학교 때의 지리 선생님은 이게 무척 안타까웠던 거다.

하지만 3만 달러 선진국의 반열에 오른 대한민국에서 한강가의 넓은 둔치는 하늘이 내린 축복이다. 서울 시민이 몰려나와 연인끼리 가족끼리 그것도 아니면 동료끼리 걷기도 하고 자전거를 타기도 하며, 벤치나 잔디에 앉아 속삭이기도 하고 치킨 찬치를 벌이기도 하며 봄의 정취를 맘껏 누린다.

한강뿐인가. 서울에서 탄천도, 양재천도, 중랑천도, 모래내도, 안양천도 다 그렇다. 또 서울뿐인가. 충청도의 금강도, 경상도의 낙동강도,

전라도의 섬진강과 영산강도 그리고 그 지류들도 다 그렇다. 서울뿐 아니라 우리나라 전국 방방곡곡 도시 강가의 둔치는 시민공원으로 잘 단장되었고, 국토종주 자전거길이 둔치와 강둑을 따라 전국 곳곳으로 이어지며 달린다.

서울의 한강시민공원과 국토종주 자전거길. 세계에 대놓고 자랑해도 누구 하나 뭐라 하지 못할 우리나라의 소중한 보배다.

잠실수중보, 한강 강폭을 넓히다

잠실의 한강시민공원은 탁 트인 풍경과 사람 사이를 그냥 여유롭고 편안하게 걸어가면 그것만으로도 충분히 좋다. 그렇게 2km쯤 갔을까. 한강의 이쪽과 저쪽을 직선으로 연결한 작은 폭포가 보이기 시작한다. 가까이 가자 떨어지는 물소리가 제법 크다. 잠실대교 바로 앞쪽의 잠실수중보다.

이번엔 다섯 번째 걸어가는 것이니까 이미 본 것을 또 보는 것이라 신기함은 없다. 하지만 처음 걸어가며 보았을 때 '야~~ 저게 말로만 듣던 그 잠실수중보였구나!' 많이 놀라며 그 신기함에 잠시 멈춰 구경했던 게 기억난다. 마라톤을 몇 번 뛰어본 구간이긴 하지만 그땐 잠실수중보가 눈에 잘 들어오지 않았다.

수중보(水中洑)를 한자로 풀어보면 '물속(水中)에 둑을 쌓아 물을 담아두는 곳(洑)'이다. 강의 이쪽과 저쪽을 연결하는 둑을 쌓았다는 점은 충주댐이나 이포보와 같지만 잠실수중보는 높이가 낮아 둑 위 전체로 한강물이 넘쳐흐른다. 그래서 전체가 작은 인공폭포다.

언젠가 〈어서와~ 한국은 처음이지?〉라는 프로그램에서 칠레로부터

잠실대교 아래 수중보 위로 낮은 인공폭포마냥 강물이 넘쳐흐른다.

온 가족이 반포대교 부근의 드넓은 한강을 보고는 바다냐 강이냐 작은 논쟁을 벌이는 장면을 본 적이 있다. 큰 강이 없는 칠레 사람들에게 한강은 육지 깊숙이 들어온 바다로 보일 수도 있었던 것이다. 하지만 비단 칠레 사람에게만 한강이 바다처럼 넓은 것은 아니다.

세계의 대도시를 관통하는 강 중에서 한강보다 넓은 강을 찾기가 생각보다 쉽지 않을 게다. 그렇다고 한강의 전체 길이와 유역의 면적이 세계 탑 수준이라는 것은 아니다. 한반도는 남북으로는 길지만 동서로는 짧기 때문에 세계적으로 긴 길이와 넓은 유역 면적을 자랑하는 강이 생기기 어렵다. 그럼에도 도심을 관통하는 세계의 강 중에서 한강보다 더 넓은 강을 찾기가 어려울 정도로 넓다. 바로 수중보 때문이다.

잠실수중보가 강물의 깊이를 2.5m로 유지시키며 많은 물을 가두고 있어 한강의 강폭이 옛날보다 많게는 세 배나 넓어졌다. 한강에는 김포대교 바로 아래에 신곡수중보가 하나 더 있다. 이 신곡수중보 때문에 여의도, 한강대교, 반포대교, 한남대교, 동호대교, 청담대교, 잠실의 한강 역시 강폭이 옛날보다 많게는 세 배나 넓어졌다.

한강가의 국토종주 자전거길을 따라가다 보면 대부분 시멘트둑으로 만들어져 있다. 전두환 정권 시절인 1980년대 전반 강남개발에 필요한 모래를 한강으로부터 공급하고 홍수 때 한강물이 범람하는 것을 막기 위해 하폭을 대대적으로 넓히고 강변을 정비한 한강종합개발 때 만들어진 것이다. 그때 또 하나 만들어진 것이 바로 수중보다.

1980년대 이전으로 돌아가면 지금의 한강과는 전혀 다른, 지금보다는 자연의 흐름에 훨씬 더 가까운 한강이 있었다. 옛날을 기억하는 사람 중에, 환경보호를 외치는 사람 중에 그 한강을 그리워할 사람도 있겠지만 난 누가 뭐라고 해도 지금의 정비된 한강이 좋다.

그때의 한강종합개발이 아니었더라도 대한민국이 부유해지면 부유해질수록 한강은 어떻게든 정비되었을 것이고, 그 모습은 지금과 별반 다르진 않았을 것이다. 그래야 넓은 정원과 간이 운동장과 자전거길과 산책로를 다 포용하여 수많은 서울시민들이 몰려나와 봄날의 정취를 만끽할 수 있는 한강시민공원으로 만들어질 수 있지 않겠는가.

추억의 미루나무길

잠실부터 광진교까지 약 6km에 이르는 한강시민공원의 육백 리 귀향길을 걷다보면 처음엔 이것도 신기하고 저것도 신기하고 다 기억될 것 같은 기분이다. 하지만 막상 육백 리 귀향길을 다 걷고 돌아오면 한강시민공원에서 구체적으로 기억나는 것이 별로 없다. 대부분 느낌과 장면으로만 남는데, 다섯 번째 걸어가는 이번에도 마찬가지다.

광나루 아차산과 미루나무길

광진교 가는 길 남단 신작로 미루나무길

그런데 신기한 것이 있다. 다시 걷기 전에는 구체적으로 기억이 안 났던 길이 또 걷다보니까 '아 저기였지!' 다 기억이 난다. 그래서 그 길이 반갑고 정겹다. 그중에서도 유독 반가운 한강시민공원의 길이 있는데 미루나무길이다.

어렸을 적 버스가 다니는 길을 '신작로'라고 불렀다. 나중에 안 것이지만 일제강점기 때 조선총독부가 식민통치의 일환으로 마차 두 대가 지나갈 수 있도록 새로 길을 만들고는 신작로(新作路)라고 불렀다. 그 신작로를 상징하던 것이 바로 하늘을 찌를 듯 곧게 뻗은 미루나무가 길 양쪽으로 쭉 늘어선 풍경이다. 미루나무는 엄청 잘 자란다. 고향 집 뒤란에도 미루나무 두 그루가 있었는데, 다 자라자 누군가가 사서 잘라갔다. 재질이 물러서 나무젓가락, 나무도시락, 이쑤시개 등 1회용품을 만드는 데 유용한 것으로 들었다.

초등학교 5학년 때부터 버스를 타고 미루나무길게 쭉쭉 뻗은 비포장의 신작로를 달려 수원까지 통학했던 나에게 그 신작로는 마음속 깊이 간직된 추억의 풍경이다. 3만 달러의 선진국 대한민국에서 그런 신작로는 이미 다 사라졌고 다시 부활할 리도 없다. 그런데 잠실과 광나루 사이 한강시민공원의 육백 리 귀향길을 걷다가 그 미루나무길을 만났다. 길 폭도 옛날 신작로만큼 넓고, 길이도 제법 길다. 아파트 숲은 나무에 가려 보일락 말락 하니 꼭 그때 그 시절 그 신작로를 걷는 기분이다.

얼마나 놀랍고 반갑던지. 추억의 그 길이 갑자기 내 눈앞에 나타나니 꼭 5학년 그 시절로 되돌아간 듯한 묘한 기분이다. 그 길은 한 번 걸어도, 두 번 걸어도, 아니 다섯 번 걸어도 매번 좋더라. 그런데 어디 있더라. 구체적인 위치를 설명하라면 못하겠다. 다만 한 가지 사실은 안

올림픽대교를 지나 만나는 고운 흙길, 강 건너에 아차산이 펼쳐진다.

다. 한강시민공원의 육백 리 귀향길을 가다보면 어디선가 미루나무길을 만난다!

광진교 다리공원

올림픽대교를 지나면 산책로는 포장길과 흙길 둘로 갈린다. 흙길은 한강물 찰랑찰랑 닿을 듯 말 듯 가까이 따라간다. 길가엔 버드나무 축 늘어지고, 홍수 때 쌓인 고운 진흙 밟고 걷는 느낌이 색다르다. 앞쪽으론 한강 위로 걸쳐진 천호대교와 아차산의 풍경도 볼 만하다. 그렇게 10여 분 걷다보면 금방 천호대교 밑을 지나 광진교에 이른다.

한강에선 한강대교 다음으로 이른 시기인 1936년에 건설된 다리다. 6·25가 발발하고 3일 후 대한민국 정부가 후퇴할 때 한강대교, 한강철교와 함께 폭파되었다가 1952년 미8군에 의해 다시 건설되었다. 1970

광진교 다리공원

년 이전까지는 한강 동쪽 지역의 유일한 다리였지만 강남 개발이 시작되면서 통행량이 급증했다. 1976년 7월 천호대교가 개통되면서 그 기능이 약화되기 시작했고, 대한민국이 번영을 이룬 지금 광진교는 걷는 사람들의 명소로 재탄생했다.

광진교는 한강 위 여느 다리와 달리 찻길이 아니라 사람길이 주인공이다. 찻길이 편도 1차선으로 좁고 구불구불하여 과속하는 차가 없고, 사람길은 널찍하니 주황색 보도블록이 깔렸다. 곳곳에 꽃과 나무가 우거진 화단과 벤치가 있고, 중간쯤엔 장미터널까지 만들어 놓았다.

백미는 강남의 화려한 도시와 일렁이는 푸른 강물, 녹음 짙은 한강시민공원이 어우러진 풍경을 앉아서 여유롭고 시원하게 감상할 수 있도록 만들어놓은 전망쉼터다. 다리 바깥으로 튀어나가 있어 마치 강물 위에 붕 뜬 기분이고 그곳에서 맞는 강바람은 더 시원하더라.

광진교는 통행을 위한 다리가 아니라 사람들이 편안하게 즐기며 쉬어가라고 꾸며놓은 다리공원이라 불러야 제격이다. 봉은사로부터 약

광진교에서 바라본 아차산 아래 광나루 서단(좌)과 동단(우)

7km 한 시간 반 거리다. 다들 첫날 걷기에 단련되어 그런지 4km 1시간 거리에선 쉴 생각도 하지 않는다. 어찌 보면 한강시민공원이 쉴 생각조차 하지 못하게 만들 정도로 멋진 공원이었는지도 모른다. 그렇게 7km 한 시간 반을 걸어온 곳에 광진교의 다리공원이 있으니, 그곳에 앉아 풍경을 보며 시원하게 쉬는 것 또한 육백 리 귀향길의 묘미다. 다리 위에서 동쪽을 보면 아차산 아래 광나루터가 한눈에 들어온다.

광진교가 만들어지기 전, 그곳에는 광나루가 있었다. 경기도 광주 고을의 중심지가 하남시 교산동 일대에 있었는데, 서울 도성에서 그곳을 가려면 광나루를 건너야 했다. 그래서 '광주(廣州) 고을의 중심지를 오가던 나루(津)'란 뜻으로 '광나루(廣津)'라 불렀다. 또는 넓을 '광(廣)'을 풀어 '너븐나루'라고도 했다.

지금 광진교 남쪽의 공원 이름이 광나루한강시민공원이고, 북쪽의 5호선 지하철역 이름은 광나루역이다. 이왕 이렇게 된 것 광진교도 '광나루다리'라 개명하면 더 정겹게 들리지 않을까 희망을 걸어본다.

구리로 가는 북쪽 광나루 부근 자전거길(상), 꽃이 만발한 한강 둔치(하)

미음나루를 향하여

광진교 다리공원에서 10분간 푹 쉬다가 다시 걸음을 옮긴다. 광진교 위를 걷다가 북쪽으로 살짝 고개를 돌리면 그 유명한 아차산성이 코앞이다. 녹음이 짙어 흰색 성벽은 잘 보이지 않지만 조금 신경 써서 보면 정상에서 시작하여 골짜기를 두른 성벽을 따라 나무를 제거한 모습이 눈에 들어온다. 광진교가 끝나자마자 바로 강변북로 자전거길로 이어지는 좁은 계단이다.

1569년 3월 6일, 봉은사에서 배를 탔던 퇴계 선생이 광나루에서 배

구리시 한강 둔치에서 본 아차산과 용마산, 왼편 강 너머에 롯데타워가 떠 있다.

를 멈추고 잠시 내렸다. 몸이 편찮아 두뭇개나루와 봉은사로 배웅을 나오지 못한 제자 정존재 이담(1510~1575)이 마지막 귀향길이 될지 모르는 스승을 뵈러 광나루로 달려왔기 때문이다. 스승과 제자 두 사람은 아쉬움의 진한 이별시를 주고받았다.

광진교부터 육백 리 귀향길은 한동안 강변북로 고가도로 밑을 지나고, 구리로 가는 둔치가 없는 자전거길과 산책로가 전부다. 서울을 벗어나 경기도 구리시의 경계를 넘었는데도, 풍경은 아직도 단순하다. 이럴 땐 길가에 핀 꽃을 힐끔힐끔 쳐다보면서 아무 생각 없이 앞만 보고 걷는 것이 최고다. 그렇게 2km쯤 갔을까. 다시 한강의 둔치가 나타나는데, 구리시 한강시민공원으로 단장되어 있다.

잠실과 광나루의 한강시민공원과 달리 나무를 별로 심지 않아 아기자기한 멋은 없다. 일반인들이 이용할 만한 야구장과 축구장이 연속적으로 나오고, 꽃들이 만발한 한강둔치 꽃단지를 스쳐 지나간다. 돌아보면 아차산성과 용마산 능선이 이어지고 강 너머 멀리 롯데타워가 보인다. 잠시 산책 나온 구리 시민들에겐 꽤 괜찮을 쉼터인데, 육백 리 귀향길을 걸어가는 우리들은 쉬질 않는다. 광진교로부터 벌써 5km가 지나가고 곳곳에 벤치와 원두막이 있는데도 체력이 좋은 사람들만 함께 걸어서 그런지 잠시 쉬자는 사람이 없다.

서울외곽순환고속도로의 강동대교 밑을 지나니 오늘 점심식사를 할 미음나루가 저 앞쪽 가까이 보인다. 낮은 야산이 한강을 만난 기슭에 식당과 카페가 층층이 들어선 모습이 생각보다 꽤 이국적이다. 복잡한 도시를 벗어나 첫 번째로 만나는 한적한 풍경으로, 한 폭의 그림이란 표현이 어울린다. 곧 광릉, 퇴계원, 동구릉을 거쳐 흘러온 왕숙천 길 왼쪽으로 꺾어 잠시 왕숙천을 따라 올라가다 다리를 건넌다. 다리에서 보면 한강과 서울 풍경을 조망할 수 있는 구리타워가 왼편에 있다. 날씨가 좋은 날엔 한강과 주변 산세 동서남북 온천지 풍경을 한눈에 굽어보는 최고의 전망대다. 다리를 건너면 여기부터 남양주시다.

다리를 건너 다시 왕숙천가를 따라 한강가를 향하고 곧바로 왼쪽으로 꺾으니, 관광지화된 미음나루가 지척이다. 미음나루에는 온통 맛집

왕숙천과 구리타워. 구리타워에 오르면 온천지가 한눈에 든다.

왕숙천 건너 강변 따라 미음나루를 향해

미음나루 안내판, 디자인이 꽤나 상큼하다.

과 카페가 넘쳐난다. 점심 목적지가 코앞이니 이제야 다리에 약간의 피로가 느껴진다. 광진교로부터 약 8km 두 시간을 꼬박 걸었으니 쭉 쉴 때가 된 것이다. 봉은사로부턴 약 15km 네 시간 거리다.

나와 퇴계 선생 마지막 귀향길의 인연이 깃든 곳

퇴계 선생은 마지막 귀향길 셋째 날을 미음나루에서 묵었다. 그러곤 당시 사람들이 말하는 '미음나루'의 이름을 듣고는 비슷한 소리의 한자 無任(무임)과 '배 대기 좋은 물가'란 뜻의 한자 浦(포)를 빌려 無任浦(무임포)라고 기록해놓았다.

옛 문헌에 나오는 미음나루의 한자 표기는 渼陰津(미음진), 禿津(독진), 渼湖(미호)다. 渼陰津(미음진)은 우리말 이름 미음나루에 대해 한자의 소리(渼陰, 미음)와 뜻(津, 나루)을, 禿津(독진)은 한자의 뜻(禿, 민)과 뜻(津, 나루)을 빌려 표기한 것이다. 여기서 禿(독)은 사람으로 치면 머리카락 없는 대머리, 산으로 치면 나무가 없는 민둥산을 가리키는데, 우리말 '민, 미음, 매' 등에 대한 한자 표기로 가끔 사용되었다.

渼湖(미호)는 미음나루 앞의 한강이 깊고 잔잔하여 마치 호수 같다고 해서 붙인 이름이다. 하지만 시를 읊던 양반들의 기록에만 등장하는 이름이었을 뿐 일반인들은 부르지 않았다. 미음나루 근처 석실에 살던 안동김씨 집안의 김원행(1702~1772)이란 학자의 호가 '미호(渼湖)'였는데, 미음나루의 한자 표기 이름 '渼湖(미호)'를 따서 부른 것이다.

퇴계 한참 뒤의 일이다. 여기는 이태호 교수가 제안해 찾은 곳으로 고산 윤선도와 관련한 장소다. 윤선도는 퇴계의 학통을 이은 남인계로, 앞날 명동성당이 있는 종현에서 이미 만났다. '고산(孤山)'이라는 아호는 바로 미음나루 석수동 '고산촌'에서 따온 것이며, 45세 때 봉림대군(효종) 세자 사부 재임 중에 봄 휴가를 지낸 곳으로 알려져 있다. 효종3년(1652년) 68세 때 다시 이곳에 들러 지은 가사 〈몽천요(夢天謠)〉 시비가 세워져 있다.

고산 윤선도 〈몽천요〉 시비, 1999년 6월 세움

무슨 고집인지 모르겠지만 퇴계 선생은 문헌에 기록되어 오던 미음나루의 한자 표기 이름 대신 자신만의 방식으로 無任浦(무임포)라 표기했다. 그러니 퇴계 선생 마지막 귀향길 450주년 행사를 준비하던 도산서원 선비문화수련원 관계자들이 無任浦(무임포)의 위치를 찾을 수 없었고, 그래서 나에게 찾아달라고 문의를 해왔다. 미음나루는 나와 퇴계 선생 마지막 귀향길을 인연의 첫 끈으로 맺어주어 매년 걸어가게 만든 고마운 장소다.

미음고개, 고개를 넘으면 석실마을이다.

미음고개, 한강가에서 만나는 첫 번째 고갯길

홍수 때 엄청나게 불어난 거센 강물이 산을 만나 세차게 부딪히며 휘돌아 흐르면 침식작용이 강해져 산쪽의 강바닥을 깊게 파고든다. 홍수가 지나면 산쪽 급경사의 지형 앞에 호수같이 깊고 잔잔한 강물이 형성되어 배를 타고 건너거나 정박시키기에 최적의 장소가 된다. 나루는 바로 그런 곳에 만들어지는데, 미음나루도 예외가 아니다.

대부분의 나루는 뒤로는 산, 앞으로는 호수같이 깊고 잔잔한 강, 그리고 강 너머 들판이나 산줄기가 어우러진 멋진 풍경을 갖고 있다. 두뭇개나루도, 광나루도, 미음나루도 다 그랬다.

서울의 팽창으로 두뭇개나루와 광나루의 멋진 풍경은 사라지고 건물숲으로 변했지만 서울로부터 조금 떨어진 미음나루는 아직도 그 풍경을 간직하고 있다. 그런 연유로 이곳은 '미음나루 풍속마을'로 지정되어 사람들의 휴식 공간으로 변했으며, 맛집과 카페가 호황을 이루고 있다.

우리도 맛집을 찾아들어가 반나절의 피로를 풀면서 점심식사에 막걸리 한잔 기울이며 이야기꽃을 피웠다. 시간이 더 많다면 전망 좋은 강가 카페에 앉아 그윽한 커피향 맡으며 한강의 멋진 풍경을 바라보면 좋으련만 그러면 시간이 부족하기에 꾹 참고 다시 길을 나선다.

미음나루를 지나자마자 한강가에서 첫 번째 고갯길을 만난다. 이곳은 지형이 험한 강가이기 때문에 고개 이쪽과 저쪽 마을을 연결하는 길이 그 고갯길뿐이고, 간선도로가 아니니 좁다. 그래서 고갯길은 사람길과 자전거길, 찻길이 구분되어 있지 않아 약간 혼란스럽다. 다행히 차가 다니긴 하지만 아주 가끔씩만 다니고 고갯길이 구불구불하여 과속을 할 수도 없으니 조심하면 위험하진 않다. 그래도 약간 위험하다면 차가 아니라 자전거다.

옛날엔 고개의 이름이 있었겠지만 지금은 무명(無名)인 것 같다. 그래서 내가 이름을 붙여준다. 미음나루에 있으니 미음고개다. 두뭇개나루터공원부터 미음나루까지 고갯길을 만난 적이 없기에 올라가면서 꽤 높은 느낌이 들지만 실제로는 별로 높지 않은 작은 고갯길이다. 두런두런 이야기를 나누며 별로 힘들이지 않고 넘을 수 있고, 들꽃과 나무가 자연스럽게 피고 자란 한적한 시골 고갯길의 옛 정취도 꽤 느껴진다. 따뜻한 햇볕이 좋은 길이다.

석실마을, 허망한 명당의 역사

미음고개를 넘으면 길가의 느티나무 노목이 우리를 반기는 석실마을이 왼쪽으로 펼쳐진다. 느낌이 참 아담하다. 크지 않은 마을이 산과 산줄기로 폭 싸여 있어서다. 풍수의 전형적인 명당 구도다.

석실마을의 250년 된 느티나무 노목, 수석리 옛 토성 안내석이 서 있다.

다 아는 사실이지만 조선시대 사람들은 명당에 조상의 무덤이나 집을 지으면 지기(地氣)를 받아 발복(發福)한다고 믿었다. 그래서 너도나도 명당을 찾아 싸우고 다퉜다. 그러나 그 좋은 명당에 궁궐을 짓고 왕릉을 만들었어도 나라가 망하는 걸 막진 못했다. 풍수발복론은 믿음의 문제일 뿐 인과관계가 증명된 것은 하나도 없다. 다 부질없는 짓이다. 허나 옳건 그르건 그 시대의 사람들은 그렇게 믿었고, 석실마을은 풍수의 전형적인 명당 구도를 하고 있는 땅이니 뭔가 역사가 있을 법하다.

우리나라 사람들에게 '19세기' 하면 떠오르는 것 중의 대표적인 것이 세도정치다. 정확히 1800년에 조선 후기의 위대한 군주 정조(재위 1776~1800)가 죽고 열한 살의 어린 순조(재위 1800~1834)가 등극하자 안동김씨의 세도정치가 시작되었다. 그 세도정치를 주도한 서울과 인근 지역의 안동김씨는 자신들 최고의 조상으로 병자호란 때 척화파의 대표였던 김상헌(1570~1652)과 김상용(1561~1637) 형제를 받들었다. 1656년에 두 형제를 모신 석실서원이 이 석실마을에 만들어졌다.

1863년 열 살의 어린 고종(재위 1863~1907)이 등극하자 아버지 흥선대원군 이하응(1820~1898)이 섭정을 맡았다. 5년 후 정치·사회 개혁의 일환으로, 전국 540여 개나 난립하여 양반 세력의 존립 근거가 되었던 서원 중 47개의 서원만 남기고 모든 서원을 헐어버리라는 서원철폐령을 내렸다. 석실서원은 안동김씨 세도정치의 상징이었기에 당연히 살아남을 수 없었다. 위패(位牌)는 땅속에 묻혔고, 서원의 모든 건물은 헐렸다.

육백 리 귀향길을 가다가 석실마을을 바라보면 가장 위쪽에 넓은 묘역의 조말생(1370~1447) 무덤이 보인다. 1900년 석실서원이 헐린 명당 형국의 이곳으로 이장한 무덤이다. 그 근처 어딘가에 석실서원이 있었다. 믿는 건 자유이나 명당이 다 무슨 소용이겠는가.

남양주 석수동 풍경

조말생 묘와 석실서원이 있는 미호 석실마을 언덕

팔당, 두 개의 멋진 풍경이 우리를 기다리다

석실마을을 지나면 다시 작은 둔치가 시작된다. 여기서 돌아보는 풍경은 바로 조선 후기 진경산수화의 거장 겸재 정선(1676~1759)이 양천현령으로 부임해서 한강을 따라서 그린 〈미호(渼湖)〉 그림 두 점으로 남아 있다. 이 앞 여정에는 〈송파진(松坡津)〉과 〈광진(廣津)〉이 있고, 팔당 대탄 풍경 〈녹운탄(綠雲灘)〉, 앙수리 〈독백탄(獨栢灘)〉, 광주의 〈우천(牛川)〉이 있다(《경교명승첩(京郊名勝帖)》, 1741년, 간송미술관 소장).

가을 이곳을 지날 때 육백 리 귀향길 길가의 코스모스가 너무 예뻐 사진 찰칵찰칵 찍어 지인들에게 보내던 곳이다. 남양주시 와부읍의 남양주한강공원 삼패지구로 단장되어 있는데, 이곳 또한 나무는 거의 없다. 남양주 시민들에겐 좋은 휴식장소이나 미음나루를 출발한 지 얼마 되지 않은 육백 리 귀향길의 우리들은 쉬지 않고 스쳐지나간다.

미사대교를 지나면 공원이 끝나고 육백 리 귀향길은 한동안 서울과 양평을 잇는 덕소강변대교 밑을 따라간다. 한강 반대편은 미사리조정경기장으로 유명한 하남시의 미사동이다. 앞쪽으로는 남쪽의 검단산

석실마을 앞 코스모스길

남양주한강공원 삼패지구 원경

덕소에서 본 도봉산과 북한산(좌), 수락산(우) 풍경

(658.3m)과 북쪽의 예봉산(678.8m) 사이에 움푹 들어간 팔당협곡이 눈에 들어온다. 뒤돌아보면 수락산과 도봉산, 북한산 능선이 아파트 숲 위로 이어진다. 팔당대교가 그 위에 걸쳐 있다.

미음나루에서 5km를 넘게 걸어왔는데도 체력이 좋은 분들이라 그런지 역시 쉬자는 말이 없다.

"다 왔어. 팔당대교가 지척인데 뭐."

하지만 눈의 착각이다. 높은 산 사이의 협곡에 걸친 팔당대교가 생각보다 멀다. 게다가 갑자기 빗방울이 떨어지기 시작한다. 설마…, 그런데 웬걸. 설마가 사람 잡는다고, 빗줄기가 갑자기 굵어지더니 바람까지 세차다. 우산을 준비해온 사람은 출장을 생활로 여기는 김 사장뿐이다. 비닐로 몸과 가방을 겨우 가리고 걷다가 잠시 버드나무 밑에서 피해보기도 한다. 하지만 그칠 기미는 보이지 않고…. 에라 모르겠다. 그냥 걷자. 팔당대교가 가까워지자 거짓말처럼 비가 그치고 바람도 멈춘다. 다행이다. 그때 한강에서 소리가 들린다. 강물이 흐르는 소리다.

팔당 아래 한강의 속도감 나는 거친 물살 여울

"아~ 한강이 흐르는구나."

잠실수중보에 갇혀 눈으로 보면 흐르지 않는 호수 같던 한강이 끝나고 드디어 진짜 흐르는 한강이 시작되고 있다. 게다가 물살이 제법 거친 여울이다. 여울 사이사이로는 크고 작은 바위와 버드나무가 듬성듬성 자라난 모래섬이 여럿이다. 오늘의 목적지에 거의 다 왔다는 생각에 잠시 걸음을 멈추고 한강 여울 풍경을 바라본다. 처음으로 육백 리 퇴계길을 갈 때도 이곳에서 멈추어 한강을 바라봤다. 1월 한겨울, 한강 여울 곳곳에 큰 고니가 둥둥 떠다니고 빨갛게 물든 서쪽 하늘의 저녁노을이 한창이었다. 여기저기 사진작가들이 기다렸다는 듯이 카메라의 셔터를 연신 누르고 있다. '저분들이 고니가 둥둥 떠다니는 노을 진 저 풍경을 기다리고 있었구나!'

4월 팔당의 노을 진 여울 풍경은 그때만큼은 아니었다. 그래도 멋있긴 멋있더라. 더 멀리 눈길을 던지면 또 하나의 멋진 풍경이 우리를 기다린다. 회색의 거대한 서울 대도시 위로 도봉산에서 시작되어 북한산의 인수봉을 거쳐 내달리다 경복궁의 북악산에서 갑자기 끝나는 하얗고 푸른 산줄기가 처음부터 끝까지 한눈에 들어온다. 진짜 긴 파노라마 사진에서나 보던 풍경이다. 멋지단 말 외에는 달리 할 말이 없다. 이

팔당에서 바라본 서북쪽 북한산과 도봉산, 수락산. 굴곡진 능선들이 아름답다.

리저리 각도를 맞추어 사진을 찰칵찰칵 여러 번 찍어댄다.

팔당역, 내가 또 왔다오

둘째 날 목적지는 봉은사로부터 약 26km 거리의 팔당역이다. 조금 더 가고 싶긴 하지만 경의중앙선 다음역인 운길산역까지는 10km를 더 가야 하니 무리다. 하루 종일 처음 걷는 분들이니 36km 너무 욕심을 냈다간 사단이 일어날 수도 있다.

노을 진 팔당의 한강 여울, 도봉산-북한산-북악산으로 이어진 풍경을 뒤로하고 팔당대교 밑을 지나 약 500m를 가면 팔당역으로 꺾어지는 갈림길이다. 팔당역이 있는 마을이라고 음식점이 꽤나 있다. 식당을 찾아들어가 막걸리 한잔 기울이며 오늘의 걷기 이야기를 나눈다.

"팔당역 양반! 내가 여기 또 왔다오!"

"하하! 또 만나서 반갑소."

팔당역 앞에서 네 사람 모두 최대한 기분 좋고 밝은 표정으로 '찰칵!' 기념사진을 서너 번 찍는다. 그러고는 둘째 날 일정을 무사히 마치며 경의중앙선 전철역을 향해 발길을 옮긴다.

3

남양주에서 양평으로

중앙선의 옛 철로가 만들어낸 풍경을 따라

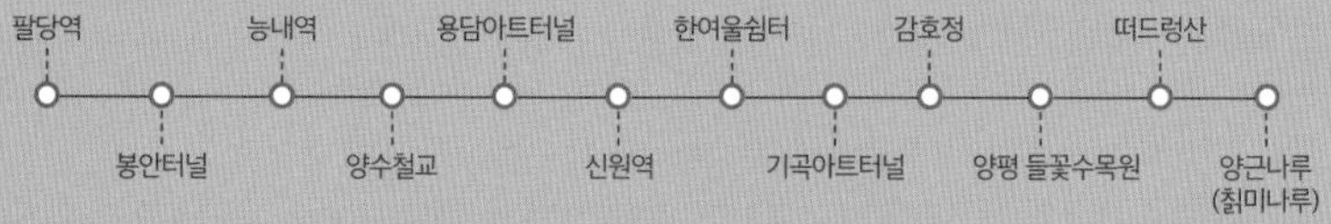

팔당역의 추억

육백 리 귀향길에서 셋째 날의 팔당역 출발은 이번이 세 번째다. 그 중 두 번째 혼자 갈 때가 가장 기억에 남는다. 서울 경복궁에서 팔당역까진 약 40km인데, 미음나루는 약 30km 지점에 있다. 도산서원에서 주최하는 귀향길 행사 일정에 맞추면 첫날은 봉은사까지 약 15km, 둘째 날은 봉은사에서 팔당역까지 약 25km 이틀에 걸쳐 나누어 걷는다. 하지만 경복궁에서 9시에 출발하면 첫날의 도착지는 봉은사가 아닌 미음나루다.

경복궁에서 시작해 미음나루에 도착하니 5시쯤 되었다. 그런데 다리가 멀쩡하더라. 이렇게 된 것 약 34km의 덕소역까지 가볼까? 그래 가보자! 덕소역 근처까지 갔는데 이번에도 다리가 멀쩡했다.

"뭐야 이거… 내 다리가 걷기에 완전히 적응한 게 확실히 맞나보네."

덕소역 앞을 지날 때 6시가 조금 못 되었다. 약간 어둑어둑해지고 있었긴 했지만 걷는 데는 아무런 지장이 없었다. 그래서 내친 김에 팔당역까지 걷기로 한다. 산책 나온 남양주시 와부읍 시민들도 꽤 되어 외롭지 않았다. 그런데 이게 어떻게 된 것인가. 한 2km쯤 갔을까. 다리에 이상 신호가 감지되기 시작했다. 발바닥에 물집이 생기지도, 무릎

남양주 예봉산 아래 팔당역

뒤쪽의 힘줄이 당기지도 않았는데, 다리는 천근만근이었다.

한 발자국 나아갈 때마다 다리가 그렇게 무겁고 힘든 경험은 21km 하프 마라톤에 처음 도전했을 때, 그리고 41.195km 완주를 대여섯 번 도전했을 때 말고는 없었다. 팔당대교가 코앞인 것 같은데 가도 가도 멀기만 하다. 덕소역부터 팔당역까지는 약 6km. 그야말로 지옥의 행군이었다. 겨우겨우 팔당역 근처에 도착하자 쉬기 위해 식당부터 찾았다. 자리에 앉자마다 벌컥벌컥 단숨에 물을 몇 컵이나 들이켰는지 모른다.

옛날 사람들이 하루에 평범하게 걸어가던 40km. 아무리 경복궁부터 도산서원을 10박 11일에 걸쳐 다 걸어간 경험이 있다고 해도 선천적으로 특별한 걷기 재주가 없다면 절대로 도전해서는 안 되는 거리임을 뼈저리게 느꼈다. 그날 저녁 천근만근 다리를 터덜터덜 끌면서 팔당역 전철을 타러 들어가던 그 아픈 추억을 지금도 잊을 수가 없다.

팔당대교와 검단산 봄날

세 번째와 네 번째 육백 리 귀향길의 첫날 도착지는 경복궁에서 약 30km 지점의 미음나루였다. 그게 내 최선이었음을 팔당역의 쓰디쓴 추억으로부터 배웠다.

팔당의 벼랑길과 터널

일요일 9시 10분 전, 내게 소중한 경험을 선사한 추억의 팔당역에 도착했다. 역시 부지런한 분은 벌써 와서 주변을 둘러보고 벤치에 앉아 기다리신단다. 천성이 어딜 가겠나. 앞으론 놀라지도 신기해할 필요도 없겠다. 늘 그럴 테니…. 남에게 민폐만 끼치지 않는 선에서 각자 천성대로 도착하고 출발하면 되지 않겠나.

팔당역에서 기념사진 찰칵! 하고는 셋째 날의 걷기가 시작되었다. 검단산 봄 풍경이 눈앞에 펼쳐지고 팔당댐 다리가 멀다. 팔당로 옛길의 식당가를 벗어나 한강가의 국토종주 자전거길로 들어선다. 아침 공기가 상쾌하고, 한강물은 어제처럼 소리를 내면서 흐른다. 다들 얼굴

팔당협곡 국토종주 자전거길

이 밝다. 역시 몸도 다리도 튼튼한 분들이다. 한 1km쯤 갔을까. 한강가를 따라가던 육백 리 귀향길이 2차선 다산로의 횡단보도에서 처음으로 신호등을 만난다. 자전거와 뒤엉켜 뒤숭숭하기는 하지만 신호등만 잘 지키면 안전하다. 그 횡단보도를 건너면 약간의 오르막이고 산기슭을 따라 쭉 뻗은 길이 나온다. 여기서부터 중앙선의 옛 철길을 재단장한 국토종주 자전거길을 걷는다.

지금은 파주의 경의선 문산역과 양평의 중앙선 지평역을 연결하여 전철로 운행한다는 의미에서 경의중앙선이라고 이름을 바꾸었다. 또한 단선철로에서 왕복이 가능한 복선으로 바꾸었고, 너무 돌아가는 곳에서는 새로 터널을 뚫어 거리를 가깝게 했다. 그 와중에 중앙선의 옛 철길 중 많은 부분이 버려지게 되었는데, 공무원 누군가가 국토종주 자전거길로 재단장하여 사용하자는 멋진 아이디어를 냈다.

팔당(八堂)은 우리말 땅 이름 '파뎅이'를 비슷한 소리의 한자로 쓴 것이다. 한강이 남쪽의 검단산(658.3m)과 북쪽의 예빈산(683.2m) 사이를 길게 지나면서 큰 협곡이 생겼고, 그래서 이 구간의 옛길은 한강을 따라가는 좁은 벼랑길이었다. 중앙선의 옛 철길은 약간 위쪽에 바위를 부수고 터널을 뚫어 만들었다.

중앙선의 옛 철길을 재단장한 국토종주 자전거길은 자전거길과 사람길 두 개로 이루어져 있으니 걷기에 안전하다. 벼랑길이라고 하지만 발을 잘못 디디면 떨어질 것 같이 위험한 벼랑길은 아니다. 그냥 한강 쪽 경사가 좀 급한 정도의 벼랑길이다. 한강 여울과 남쪽의 검단산이 어우러진 풍경이 함께 따라가고, 저 앞쪽으로 하얀 물보라를 일으키며 물을 쏟아내는 긴 팔당댐이 보인다. 길가다 간혹 핸드폰 카메라의 셔터를 연신 누른다. 거의 직선에 가깝게 쭉 뻗은 중앙선 옛 철로의 벼랑 육백 리 귀향길은 산기슭의 나무와 꽃과 바위를 스쳐 지나며 터벅터벅 걸어가는 것 그 자체가 즐거운 길이다.

봉안터널, 딴 세상으로 가는 관문

팔당협곡 벼랑길의 끝이 봉안터널이다. 그리 길지는 않지만 육백 리 귀향길을 가면서 첫 번째로 만나는 터널이니 신기하지 않을 수 없다. 언제 옛 철로의 터널을 걸어서 지나갈 것이라 생각했던가. 지나가본 사람도 꽤 있겠지만 나는 육백 리 귀향길을 걸어갈 때가 처음이다. 국토종주 자전거길이니 조명이 잘 설치되어 있지만 그래도 바깥보다는 컴컴하고 저 멀리 입구 쪽이 환하다.

그런데 봉안터널을 통과하니 완전히 딴 세상이다. 오른쪽으로 넓고 깊은 팔당호가 짙푸르게 펼쳐지고, 국토종주 자전거길은 오른쪽 골짜

봉안터널

기의 마을 깊숙이 파고든 호수 위의 둑길을 따라 쭉 뻗어 있다. 가슴이 확 트인다. 서울 대도시권을 완전히 벗어난 봄의 풍경이 온 눈을 꽉 채운다고나 할까. 저 멀리 산에는 4월의 푸르름이 분홍색 흰색의 나무 봄꽃과 조화를 이루고, 길가엔 듬성듬성 노란 꽃 빨간 꽃 야생화가 더욱 빛난다.

나는 육백 리 귀향길을 걸어가면서 뒤를 잘 돌아보지 않는 편이다. 나의 일상을 떠나 도산서원을 향해 걸어가는 것이 목적이니 굳이 이미 걸어온 길을 되돌아볼 필요가 있겠는가. 그런데 미술사학자이고 화가라서 그런지 이태호 교수는 다르더라. 걷는 내내 앞의 풍경도, 옆의 풍경도, 뒤의 풍경도 카메라에 담기에 여념이 없으시다. 어쩔 수 없이 뒤처지는 이태호 교수 쪽을 향해 자주 뒤를 돌아보게 되는데, 그 둑길 끝자락에서 전혀 생각지도 못한 풍경에 탄성이 절로 나왔다.

검단산과 예빈산 사이의 팔당댐 위로 인수봉 백운대 만경대 하얀 바위 우뚝한 삼각산의 산과 산줄기가 눈이 시리게 파란 하늘을 이고 길게

팔당댐 팔당대교 위로 서향 멀리 봄날 인수봉과 삼각산이 떠오르고

팔당댐 아랫길에서 동향으로 올려본 팔당대교

팔당댐 외로운 섬

능내리에서 본 팔당 용마산과 검단산 녹음 풍경

국토종주 자전거들의 쉼터 능내역

한 폭의 그림으로 펼쳐져 있었다. 어디서도 보기 힘든 풍경이다. 서울 대도시가 인수봉 백운대의 하얗고 큰 손수건을 흔들며 잘 다녀오라 마지막 인사를 건네는 듯하다. 나도 눈과 마음으로 손을 흔들며 잘 다녀오겠다며 반갑게 화답한다. 어휴~ 뒤를 돌아다보지 않았다면 서울의 반가운 배웅에 마지막 인사도 나누지 못할 뻔했다.

능내역, 자전거의 메카

둑길 끝머리에 한옥으로 단장한 멋진 카페와 맛집이 우리를 향해 이리오시라 손짓하지만 아직 쉴 때가 아니니 지나쳐 간다. 숲속 모퉁이를 돌면 남인계 실학파이자 조선 후기 지성으로 손꼽히는 다산 정약용(1762~1836)의 생가가 있는 마재(馬峴) 마을의 다산유적지와 실학박물관으로 가는 찻길과 교차한다.

양수리 족자섬

여기서 두 번째 신호등을 만나는데, 길을 건너면 사람과 자전거로 북적북적한 능내역이 우리를 기다린다. 팔당역으로부터 약 6km 한 시간 반 정도를 걸어왔으니 쉬어갈 타임이다. 팔당댐 건너를 보면 용마산과 검단산 녹음이 나란하다.

지금은 국토종주 자전거길의 쉼터로 재단장한 중앙선의 옛 간이역이다. 능내역의 간판과 건물에 작고 아담한 옛 정취가 묻어 있고, 역사 안에는 기차를 타고 서울을 오가던 지역 주민들의 삶이 전시관으로 재현되어 있다.

족자섬과 두물머리 양수리 풍경

능내역 앞은 국토종주 자전거길에서 최대의 성황을 이루는 자전거의 메카다. 가족끼리, 연인끼리 종류도 다양한 자전거를 빌려 타느라 인산인해(人山人海)고, 간이 먹거리를 파는 가게는 덤이다. 자전거 마니아가 아닌 나에겐 이 모든 상황이 큰 볼거리다. 하지만 나에게 감상에 젖을 수 있게 허락된 시간은 10분, 다시 일어나 길을 걷는다.

여기서 운길산 길을 따라 강을 건너며 보는, 남한강과 북한강이 마나는 두물머리 양수리 족자섬과 너른 강 풍경이 장관이다. 멀리 남종, 퇴촌은 조선시대 왕실 백자를 굽던 곳이다. 이곳에는 겸재 정선의 《경교명승첩》에 포함된 〈독백탄〉 그림 현장이라는 표시판이 있다.

양수철교, 여러 직선이 한 점으로 모이는 추상화

따뜻한 봄날을 여유롭게 즐기며 걷던 그 길의 끝에 운길산역이 보이고 곧바로 양수철교를 만난다. 양평으로 들어가는 관문이다. 팔당댐 호수 위를 세월의 흔적이 깊게 밴 녹슨 교각의 옛 양수철교가 시원스레 쭉 뻗는다. 철로는 사라지고 나무판자가 곱게 깔렸고, 자전거길과 사

양수철교 입구

시원한 팔당댐 호수 바람을 맞으며 건너는 멋진 양수철교

람길이 나란히 달린다. 행여라도 사람이 떨어질라 양옆으로는 높은 안전펜스가 설치되어 있다.

수십 개의 교각과 자전거길, 사람길, 안전펜스의 여러 직선이 한 점으로 모인다. 이보다 더 멋진 추상화가 또 있을까. 보는 순간 와~ 감탄사가 절로 나오고, 팔당댐 호수바람이 이마에 시원하게 부딪힌다. 서서히 한 점으로 모이는 추상화 속으로 걸어 들어간다. 자전거가 다다다닥~ 휙휙 지나간다. 걷다가 타다가 잠시 멈춰 너도 나도 V자를 그리며 즐겁고 환한 웃음으로 기념사진을 촬영한다. 누군가는 한 점으로 모아지는 다리를 배경으로 삼고, 누군가는 저 멀리 팔당댐 호수의 푸르른 두물머리를 바라보며 찍는다.

주변 강변을 훑으면 역시 운길산이 삼각형으로 잘생긴 주산이다. 운길산 정상에는 이 지역의 대표 사찰격인 수종사가 있고, 이곳에서 바라보는 두물머리 풍경이 최고다.

중간쯤 건넜을까. 갑자기 물밑이 훤히 내려보인다. 까마득한 높이의 공포를 체험하며 스릴을 느끼라고 나무판자 사이에 강화유리를 둥글게 끼어 넣었다. 놀이공원의 청룡열차를 탈 줄은 알지만 결코 스릴의 즐거움을 느끼지 못하는 나 같은 사람에겐 살짝 어지럼증을 선사한다.

철교 양 끝 다리 위에는 아담하고 멋진 카페가 있다. 혼자 갈 때도 들어가 보고 싶은 마음이 굴뚝 같았지만 능내역으로부터 겨우 4km밖에 걸어오지 않은 터라 꾹 참고 지나갔다. 여럿이 함께 갈 때는 아무리 먼 길 가는 게 우선이라지만 그 카페에서 추억을 담고 싶은 사람이 있는 법이다. 함께 걷는 이들의 마음을 따른 덕분에 커피 한잔 느긋하게 마시며 확 트인 팔당호 한강물의 아름다운 풍경을 즐길 수 있는 여유를 선물 받더라.

진짜배기 육백 리 귀향길의 시작

옛 양수철교를 지나면 곧바로 양수역이다. 출발지인 팔당역에서 약 11km 2시간 반 거리인데, 점심을 먹기엔 좀 애매하다. 하지만 식사를 할 수 있는 다음 장소까지 좀 멀다는 사실을 잘 알고 있기에 어쩔 수 없이 양수역에서 점심을 먹고 쉬어 가기로 한다.

양수역에서 국토종주 자전거길은 경의중앙선을 바짝 따라가는데, 그토록 북적대던 사람과 자전거가 갑자기 확 줄어든다. 자전거는 그래도 꽤 오가지만 사람은 아주 가끔 스칠 뿐이니, 이제부터 걷는 사람 만나기 힘든 진짜배기 육백 리 귀향길의 시작이다.

양수역에서 한 200m쯤 걸어갔을까. 저 앞쪽으로 용담아트터널이 보인다. 동네 이름인 용담에 '아트'라는 단어를 붙이니 뭔가 있어 보인다. 양수역으로부터 약 600m밖에 떨어지지 않은 터널이라 많은 사람들이 걷거나 자전거를 타고 와서 화려한 조명의 불빛 쇼를 체험할 수 있게 꾸며놓았다.

하지만 안타깝게도 사람들에게 600m의 거리가 생각보다 멀게 느껴졌는지 다섯 번이나 이 터널을 지났음에도 북적대는 사람을 보거나 만난 적이 없다. 사람이 오지 않으니 자연스레 조명을 켜놓지 않아 화려한 불빛의 향연을 체험하지 못했다. 대신 천장에서 벽을 타고 졸졸 흘

운길산 봄 녹음

옛 철교에서 보는 운길산 풍경. 중앙선 새 철교가 위세롭게 강을 가로지른다.

러내리는 물줄기를 곳곳에서 만날 수 있어, 경의선 옛 터널의 정취는 마음껏 누릴 수 있었다. 혹 내가 지나가지 않은 어느 날, 화려한 조명 아래 사람들이 북적대며 오고갔을지도 모를 일이다.

용담아트터널을 지나니 온통 산골이다. 부용4터널과 3터널을 연속으로 통과하고, 옛 철로가 살아 있는 작고 예쁜 쉼터를 만난다. 하지만 양수역에서 출발한 지 얼마 되지 않은지라 쉬지 않고 다시 부용2터널과 1터널을 차례로 걸어간다. 육백 리 귀향길에서 터널을 가장 많이 지나는 구간이다. 산속 조용한 4월의 계절 맛을 제대로 느끼며 걷기만 하면 된다. 여름에 갔으면 터널 네 개를 연속으로 통과하며 '아~ 시원하다!'를 연발했을 법하다.

부용1터널을 지나면 오랜만에 마을이 보인다. 엄청 먼 산길을 걸은 것도 아닌데 마을이 괜히 반갑다. 1km를 더 갔을까. 신원역이 보이고, 대학 시절 해방공간의 정치인 중 제일 좋아했던 여운형(1886~1947) 선생의 생가가 400m 거리에 있다는 안내표지판을 만난다. 음~ 잠시 가볼까 고민하다 '아니야 먼 길 가야지!' 하면서 그냥 지나친다.

용담아트터널

신원역 앞

여운형 생가 안내표지판

신원역이 있던 마을의 옛 이름은 새원이다. '새로 만든 원(院)'이 있던 마을이란 의미인데, 전국적으로 흔한 지명 중 하나였다. 한자 새 신(新)자를 써서 新院(신원)이라 표기했는데, 지금은 대부분 '신원'이라 부른다. 신원역부터 경의중앙선이 잠시 옛 중앙선 철길을 따라가기에 국토종주 자전거길이 약간 복잡하게 만들어져 있다. 하지만 안내표지판과 길바닥 표시가 잘되어 있어 전혀 헷갈리지 않으니 걱정은 1도 하지 않아도 된다. 국토종주 자전거길은 다시 옛 중앙선 철길을 따라 쭉 뻗어 있고, 양서초등학교를 왼쪽으로 끼고 모퉁이를 돌면 이 구간의 마지막 터널인 도곡터널이다.

한여울쉼터

아주 짧은 도곡터널을 지나자마자 쉬어 가기에 알맞은 작고 아담한 쉼터가 우리를 기다린다. 양수역으로부터 약 7.3km 1시간 반 거리고, 앞쪽으론 제법 넓은 들이 펼쳐져 오랜만에 시야가 확 트인다. 체력 좋

양서초등학교 앞

한여울쉼터

은 사람들이라지만 오후가 되니 이 정도면 쉬어 가야 앞으로 지치지 않고 걸을 수 있다. 작고 아담한 쉼터에 이름이 없는데, 나는 처음 갈 때부터 마음속으로 '한여울쉼터'라고 불러주었다. 퇴계 선생이 넷째 날 밤을 보낸 곳이 한여울이다. 쉼터에서 동남쪽으로 시선을 살짝 돌리면 큰 섬 하나가 보이는데, 그 앞이 한여울 마을이다. 퇴계 선생이 쉬어갔던 한여울 마을이 바라보이는 쉼터이니 '한여울쉼터'라 이름 붙여도 큰 누가 되지는 않으리라.

한여울에서 '한'은 대한민국에서의 '한', 한강에서의 '한'과 같은 뜻으로 '제일 크다, 우두머리, 임금' 이런 의미의 순우리말이다. '여울'은 강의 경사가 급해 물의 흐름이 빠르고 거칠어 물소리가 우렁찬 구간을 가리킨다. 옛날에 강배들이 내려갈 때 난파될까 가장 걱정하던 곳이고, 상류로 거슬러오를 때는 뱃사공들이 배에 밧줄을 매어 끌고 올라가던 구간이다.

한여울은 양평 지역뿐만 아니라 남한강 전체를 통 털어서 가장 길고 거친 여울로 유명했다. 그래서 '제일 큰 여울'이란 의미의 '한여울'로 불린 것이고, 한자로는 큰 대(大)자 여울 탄(灘)자 대탄(大灘)이라 표기했다. 한여울의 시작점에 배들이 모여 기다리는 마을의 이름도 '한여울'이라고 불렀다. 한여울 마을에는 뱃사공들이 저녁 국밥에 막걸리 한잔 걸치고 하룻밤 잠자리를 청하며 긴 여정의 피로를 풀던 술막[酒幕]이 여럿이었다.

경복궁을 출발한 지 5일째 되는 1569년 음력 3월 9일 아침, 퇴계 선생은 서울로부터 함께 배를 타고 따라왔던 제자 김취려(1539~?)와 아쉬운 작별 인사를 나누고는 배에 올라 거친 한여울을 서서히 거슬러 올라갔다. 450여 년이 흐른 지금, 그 한여울은 팔당댐 깊은 호수 밑에 깊게 잠겨 역사 속의 전설이 되었다.

기곡아트터널과 아트쉼터

한여울쉼터를 출발한 국토종주 자전거길은 남한강으로부터 점점

한여울 경치. 큰 여울답게 넓어진 강 풍경이 호연지기를 열어준다.

멀어지며 국수역 앞을 지나고 얼마 안 가서 원복터널을 통과한다. 이젠 터널을 하도 많이 지나다보니 새롭다는 느낌은 별로 없고 그냥 또 하나의 터널을 익숙하게 지난다. 시간도 오후 3시를 넘어가니 그 풍경이 그 풍경 같아, 4월의 푸르름과 길가에 피어난 노랗고 빨간 들꽃을 슬쩍슬쩍 눈에 담으며 아무 생각 없이 하염없이 걷는다. 그렇게 걷다보면 어느새 또 기곡아트터널이다.

터널 이름에 '아트'라는 단어가 붙었으니 불빛 예술이 펼쳐지는 화려한 조명이 설치되어 있음을 쉽게 짐작하고도 남는다. 터널 반대편 경의중앙선의 아신역에서 600m 정도밖에 떨어져 있지 않아 많은 사람들이 방문하여 즐길 수 있겠다는 예상 아래 만든 것이다. 하지만 여기서도 사람들에겐 그 600m가 너무 멀게 느껴졌나 보다. 내가 지나가는 다섯 번 내내 사람 한두 명 만나기 힘든 터널이었다.

기곡아트터널을 지나면 아트쉼터다. 중앙선의 옛 철로가 꽤 남겨져 있고, 그 위에는 열차 몇 칸이 알록달록한 전시실로 꾸며진 채 사람을

아트터널 가는 길

아트쉼터

기곡아트터널

기다리고 있다. 쉼터 전체의 디자인도 꽤나 멋지다. 하지만 사람들이 찾아오지 않은지 오래된 듯, 내가 지나가는 다섯 번 내내 문은 닫혀 있었다.

한여울쉼터에서 약 4.5km 한 시간 거리다. 활력이 넘치는 오전엔 이 정도의 거리에서 쉴 리 만무하다. 하지만 기력이 떨어지는 오후 늦은 시간에는 쉬는 거리를 점점 짧게 잡아야 남은 길을 별 무리 없이 여유롭게 갈 수 있다. 나름 멋스런 아트쉼터에서 잠시 쉬어간다.

꿈속의 호숫가 산책길

아트쉼터 코앞에 아신역이 보이지만 국토종주 자전거길은 옛 중앙선과 잠시 이별을 고하며 비탈진 마을길로 이어진다. 그리고 300m쯤 걸어가면 오른쪽으로 90° 꺾어져 경강로 밑의 굴다리를 지나는데, 거기서 한여울쉼터에서 멀어졌던 남한강 팔당호와 재회한다.

'아, 남한강을 따라가고 있긴 있었구나!'

괜한 안도감과 반가움에 얼굴이 환해진다.

팔당호 강가를 따라가던 국토종주 자전거길은 다시 하천길로 접어들고 다리를 건넌다. 이 옥천 길에 들어서면 양평과 남한강의 중심이라 할 세모꼴 큰산 용문산 봄풍경을 가까이 호흡하게 된다. 그러곤 맛집으로 유명한 옥천냉면 황해식당을 휘돌아 작은 굴다리를 지나는데, 여기서부터 다시 중앙선의 옛 철길이다.

육백 리 귀향길은 팔당호를 끼고 4차선의 경강로와 나란히 함께 가는데, 600~700m쯤 가다가 오른쪽으로 꺾어지는 덕구실교를 만나면 잠시 멈춘다. 여기서부터 처음으로 육백 리 귀향 길이 국토종주 자전거길과 잠시 이별을 고한다.

오른쪽으로 꺾어 덕구실육교를 건너면 팔당호 남한강가를 따라가는 꿈속의 호숫가 산책길이 약 1.5km에 걸쳐 곧게 펼쳐진다. 이곳은 조선 선비들의 시회처로 유명했고 감호암 위 감호정은 서학, 천주학에 관심

덕구실육교 부근

감호암과 감호정 표지석

순교한 권철신의 유적. 덕구실 감호암

을 쏟다 순교한 녹암 권철신(1736~1801)이 즐겨찾던 곳으로 알려져 있다. 퇴계 학통을 이은 남인계 문인이다.

양수역부터 시작된 산길과 터널을 지나는 길이 좋았는데, 사람의 마음은 간사하다더니 강길이 꽤나 그리웠나보다. 시끄럽던 경강로도, 자전거가 오가던 국토종주 자전거길도 저만치 떨어져 있어 정말 조용하고 한적하다. 양평군에서는 이 길을 예쁜 이름의 '물소리길'이라 부르

양평 들꽃수목원 주변 물소리길

양평들꽃수목원

양근성지 성당

삼각형 용문산 능선 풍경

는데, 이름 정말 잘 지었다.

잔잔한 팔당호와 강상면의 넓은 들, 멀리 산과 산줄기가 감싸는 풍경에 눈이 시원하다. 잘 가꾸어진 양평들꽃수목원 안의 나무, 꽃, 정자, 동물 모형이 길가의 숭숭 뚫린 담장 너머로 훤히 보인다. 길을 걷는 내내 마음이 고요하고 평화롭다. 꿈속의 호숫가 산책길이 따로 없다. 삼각형 모양으로 높게 우뚝 솟은 용문산 모습도 장관이다.

떠드렁섬 청개구리 이야기

꿈속의 호숫가 산책길 끝에서 육백 리 귀향길은 하천길을 따라가다가 다리를 건넌다. 그리고 잠시 돌고 돌면 잘 단장된 천주교 양근성지다. 정문에서 들여다보면 너무나 깔끔하여 들어가 보고픈 마음이 절로 들지만 여기서도 갈 길이 바쁘니 슬쩍 보고 지나친다. 앞에 지나친 감호정의 권철신과 관련된 유적이기도 하다.

양근성지에서 몇 미터나 갔을까. 안내표지판 하나가 갈 길 바쁜 발길을 붙잡는다. 어렸을 때 너무나 많이 들었던 청개구리 이야기가 이렇게 기록되어 있다.

'청개구리 이야기' 다들 들어보셨죠?

무엇이든 늘 반대로 하는 청개구리 아들을 가진 어머니가 돌아가시며 이번에도 아들이 반대로 행동할 것으로 생각하고 강가 모래에 무덤을 만들어 달라는 유언을 남겼지만, 청개구리 아들은 마지막 효도를 한다는 생각에 정말로 강가 모래에 무덤을 만들어 드려 비만 내리면 무덤이 쓸려 내려갈까 봐 구슬피 '개골개골' 운다는 이야기입니다.

그런데 이 청개구리 이야기가 이곳 양평의 떠드렁산(앞에 보이는 작은 산)에서 유래되었다는 사실, 알고 계셨나요?

이야기는 조선 중기로 거슬러 올라갑니다. '이괄의 난'으로 유명한 무신(武臣) 이괄(1587~1624)은 어려서부터 말썽꾸러기여서 아버지가 시키는 일은 무엇이든지 다 반대로 하였다고 합니다. 이괄의 아버지는 평소 풍수지리에 관심이 많아 일찍부터 묏자리를 알아보고자 전국 팔도강산을 누비다가 용문산의 정기가 힘차게 뻗어 강가에 함빡 기가 모여있는 이곳, 떠드렁산을 찾았고 죽음을 앞두고는 이괄에게 자신을 떠드렁산 바위 밑에 묻어달라 하였습니다. 이때 아버지는 이괄이 또 반대로 할 줄 알고 "내가 죽거든 거꾸로 묻지 말고 바로 묻어다오."라고 말하고 죽었다고 합니다. 그 이유는 이괄의 아버지가 원래 반은 용(龍)이고 반은 사람이라 거꾸로 묻어야만 죽은 후에 용으로 승천할 수 있었기 때문입니다. 하지만 청개구리 이야기처럼 이괄 역시 아버지의 유언을 어길 수 없다며 바로 묻어드려 결국 아버지는 용으로 승천하지 못하게 되었습니다. 이 때문에 훗날 이괄의 난이 결국 실패했다고 합니다.

만약, 이괄이 아버지를 거꾸로 묻어드렸다면, 그래서 아버지가 용으로 승천해서 훗날 이괄의 난이 성공하였다면 지금 우리가 알고 있는 청개구리 이야기는 그 내용이 많이 바뀌어 있지 않을까요? 예전이나 지금이나 맑고 유유하게 흐르고 있는 남한강은 그 답을 알고 있지 않을까요?

청개구리 이야기의 발상지가 바로 앞에 보이는 떠드렁산 이곳이라니…. 그리고 광해군을 몰아내고 인조가 집권한 인조 쿠테타의 주요 공신 중 하나였다가 서인 세력이 꾀한 반역의 무고에 대항하여 반란을 일으켰던 이괄의 난과 연관되어 전해진다니…. 신기함을 넘어 신비스러움까지 느껴진다.

청개구리 이야기가 양평의 상징이 되어 '양평 청개구리 이야기거리'가 만들어지고, 청개구리가 양평의 귀여운 마스코트로 되었다는 소식을 나중에 알았다. 전설이야 입에서 입으로 전해지며 다양한 각색을 통해 풍부해지는 것이라 사실인지 아닌지 따질 필요는 없다. 오래전부터 이곳에 전해져 내려왔다니 양평에 그 지적 소유권이 있음은 당연하다.

나는 저 안내표지판을 만든 이에게 정말 고맙다는 말을 하고 싶다. 정말 재미있는 이야기도 안내표지판에 기록되면 정말 재미없는 이야기로 탈바꿈하는 사례를 너무나 많이 보면서 살아왔다. 다행히 서서히 바뀌어 가고 있는 사례를 요즘 조금씩 보고 있는데, 청개구리 이야기의 저 안내판은 그중에서도 백미가 아닌가 한다.

용문산 높게 솟고

양평대교와 강상 풍경

양평 읍내 강가에서 바라본 팔당호 상류 석양

이제 1km밖에…

떠드렁산 청개구리 이야기의 안내표지판을 뒤로하고 이름이 예쁜 물안개공원길을 따라 조금 걸으면 4차선의 양근로를 만나고 인도를 따라가면 양근리사거리다. 거기에서 길은 양근대교 밑을 휘돌아 양근천 위의 다리를 건너 다시 한번 꺾으면 오늘의 도착지인 양근나루의 뒷산 갈산(62.9m)이 양평교 뒤쪽으로 그 모습을 드러낸다.

이제 1km밖에 남지 않았다. 팔당호 강가를 따라 쭉 이어진 육백 리 귀향길에서 시원시원한 풍경이 눈에 확 들어올 법하지만 역시 사람의 마음은 간사하다. 오늘의 목적지가 1km밖에 안 남았다는 생각에 걸음이 빨라지고 전체 풍경보다는 양평교 뒤쪽의 갈산에만 시선이 모아진다. 그렇게 양평교 밑을 지나 갈산 입구 양근나루 표지석 앞에 이르러 셋째 날의 일정을 마무리한다.

4

양평에서 여주로

여주보에
다채로운 불빛 쇼가 펼쳐지다

칡미가 갈산으로, 칡미나루가 양근나루로

육백 리 귀향길 걷기 넷째 날, 오늘의 출발점은 양평역이다. '양평'은 그리 오래된 지명이 아니다. 1914년의 행정구역 개편 때 양근군과 지평군을 합하고, 두 군의 이름에서 '양'과 '평' 한 글자씩 따서 만들어졌다. 이때 양평 읍내의 행정마을 이름도 양근군의 중심지가 있었다는 의미에서 양근리로 정했다. 현재 양평의 중심 양근 고을은 북쪽 용문산을 병풍처럼 두르고 남으로 남한강이 흐른다. 천여 년 동안 이곳 사

용문산 아래 양근마을

람들은 양근리보다 '칡넝쿨로 뒤덮인 남한강가의 작은 뫼(미)'가 있는 마을이기에 '칡미'라고 불러왔다.

양평역을 출발한 우리들은 읍내를 통과하여 마을 이름의 유래가 된 그 '칡미'를 찾아가는 것이 첫 번째 여정이다. 양평역에서 정면으로 직선길을 따라 양평군청까지 가면 팔당호의 남한강이 나오고, 왼쪽으로 꺾어서 걸어가면 양평교를 지나 작은 산 '칡미'가 있다. 지금은 그곳이 '칡미'인지 아는 사람이 거의 없다.

'칡미'를 한자 칡 葛(갈) 자와 뫼 山(산) 자를 써서 葛山(갈산)이라 표기했더니 지금은 모두 갈산이라 부르고 있고, 칡미 앞 남한강가의 '칡미나루'는 양근리의 이름을 따서 '양근나루'로 바꾸었다. 우리말 지명이 100여 년 사이에 너무나 많이 바뀌었다가 도로명주소가 실행되면서 일부 살아났지만, '칡미'란 귀여운 이름은 살아나지 못하고 역사의 심연에서 헤매고 있다. 안타까울 뿐이다.

남한강변의 갈산공원과 칡미나루

예쁜 갈산공원

양근나루터 표지석을 뒤로 하고 이제 본격적으로 갈산공원 진입이다. 나무판자로 곱게 단장된 길로 자전거들이 다다다닥~ 지나가고, 바위벽엔 칡미나루의 남한강과 배, 북두칠성의 별자리가 멋들어지게 붙어 있다. 지난번 지날 때만 해도 각종 곤충들의 예쁜 모형들이 붙어 있었는데 어느 샌가 바뀌었다.

갑자기 팔당호 남한강이 시야에서 사라진다. 한쪽엔 회색과 초록색의 바위 벼랑이, 다른 한쪽엔 연초록의 나무가 줄지어 서 있고, 군청에서 가꾸어놓은 알록달록한 화단이 우리를 별천지의 세계로 인도한다. 이제부터 당분간 찻길로부터 완전히 분리되어 사람은 진짜 간혹 가다 만나고 자연의 풍경과 소리만이 가득한 남한강가 둑길의 육백 리 귀향길이다.

팔당호 옛 취수탑까지 쭉 뻗은 둥근 전망대에 잠시 들른다. 거대한 책 모양의 청동 작품이 눈길을 끌고, 사방이 탁 트여 이리저리 돌아보

양근나루터 표지석

갈산공원 전망대

남한강 둑길 왼편 양평 들에서 보이는 용문산

남한강 둑길 벚나무길

기 좋다. 낮에 왔더라면 시원한 봄바람이 끝내줬겠지만, 아침 출발 시간이라 산과 물과 하늘과 들이 어우러진 풍경을 한 바퀴 빙 돌며 눈팅만 하고 돌아선다.

곧바로 갈산공원 안내표지판을 만난다. 어린이 놀이터도 좋고, 여기저기 귀엽고 예쁜 조각 작품 천지다. 화장실까지 깔끔하고, 너른 축구장도 보인다. 남한강가 옛 나루터에서 갈산공원만큼 잘 꾸며놓은 곳은 찾기가 어렵다. 양평 읍내와 가깝기 때문이리라. 더불어 양평역에서도 가까우니 서울 대도시권의 사람들에게도 꽤 알려진 명소다. 남한강 곳곳을 돌아다니며 옛 역사를 찾아다닌 사람 중의 하나로서 고맙기 그지없다.

남한강 따라 벚나무길 5.5km

갈산공원부터 양평군 개군면의 앙덕리까지 육백 리 귀향길은 팔당

거대한 느티나무가 있는 전망쉼터

호 남한강 둑길을 따라 5.5km에 걸쳐 쭉 이어진다. 둑길 양옆으로는 무성한 벚나무가 햇빛을 가려주고, 오른쪽엔 팔당호가, 왼쪽엔 멀리 용문산과 추읍산 능선 아래 논밭과 산야가 봄빛으로 물들며 우리와 함께 걷는다. 벚꽃이 활짝 핀 시기에 왔다면 하얀 천국이 따로 없을 길이다. 아쉽게도 벚꽃은 다 떨어졌지만 푸르른 벚나무길을 한 시간여 걸어가는 것도 꽤 운치가 있더라.

팔당호 긴 둔치엔 연초록으로 축 늘어진 버드나무가 무성하고, 그 사이를 곱고 예쁘게 단장된 물소리길이 이리저리 지난다. 길가 곳곳에 아기자기한 벤치와 조각품이 보이고, 간혹 무지개다리가 작은 개울을 건넌다. 누구든 그 길을 걸으면 낭만으로 푹 젖을 것만 같다. 남한강 둑길을 내려가 그 물소리길을 걷고 싶은 마음이 불쑥불쑥 솟지만 참는다. 낭만을 찾아 샛길을 걸으면 육백 리 귀향길은 너무 더뎌진다.

중간에 1km쯤 벚나무가 사라지는데, 그 또한 나쁘지 않더라. 갑자기 확 트인 느낌이랄까. 그 끝에 흑천을 가로지르는 높은 현덕교가 있

팔당호 상류 양평 강마을 풍경

다. 깊고 푸른 팔당호만 따라오다 보니 정말 오랜만에 듣는 물 흐르는 소리다. 게다가 맑기까지 하다. 백로 대여섯 마리가 물속을 거닐며 먹이 사냥이 한창이다. 물고기 한 마리 잡는 모습을 볼 수 있으면 좋으련만 자연다큐멘터리 카메라맨이 인내를 갖고 촬영해야만 포착할 수 있는 귀한 장면이니 너무 큰 욕심이다.

흑천의 옛이름은 거무내다. 검을 黑(흑) 자와 내 川(천) 자를 빌려 '黑川(흑천)'이라 표기했더니, 지금은 모두 흑천이라 부른다. 거무내는 양평군 용문면 삼성리의 하천가에 있는 마을의 이름이기도 했다. 그래도 '거무내길'이란 이름으로 남아 있다.

현덕교를 지나면 다시 벚나무 길이고, 그 끝에 거대한 느티나무가 보인다. 가까이 가보니 전망쉼터란 안내표지판이 서 있고, 느티나무를 빙 돌아 너른 쉼터다. 둑길 비탈에 뿌리를 내린 느티나무가 여러 가지로 갈라져 넓은 그늘을 선물하고, 호수와 산과 들과 마을이 어우러진 팔당호 풍경을 전망하기에 딱 좋다.

양평역에서 걸어온 지 1시간 반이다. 전망쉼터엔 벤치도 여럿 만들

강가 버드나무

어져 있으니 잠시 쉬어가기로 한다. 벌써 느티나무 그늘이 고마운 계절이다. 강바람이 시원하다.

후미개고개, 막걸리 한잔의 추억

느티나무 전망쉼터부터는 팔당호 남한강가를 따라가지 않는다. 강가까지 뻗은 개군산(237.9m) 산줄기가 험해 길을 만들지 못했기 때문이다. 전망쉼터에서 마을 길로 돌아 들어서자마자 '개군 앙덕리 고인돌 소공원'을 만난다. 우리나라에 고인돌은 흔하다. 세계적으로 고인돌이 가장 많은 나라가 우리나라라고 하니 말 다했다. 청동기시대 죽은 시신과 껴묻거리[副葬品]를 묻고 그 위에 돌을 올려놓은 개석식 지석묘, 고인돌이다. 먼 길 걷기가 목적이니 '아~ 앙덕리 고인돌 공원을 지나가는구나' 하는 느낌만 갖고 휘~ 돌아선다.

고인돌 소공원을 지난 육백 리 귀향길은 곧바로 고갯길의 시작이다. 경사가 완만해서 별로 힘들지는 않다. 하지만 약 1km나 되는 꽤 긴 고

개군 앙덕리 고인돌 소공원

후미개고갯길

갯길이기에 중간쯤 올라가면 그동안 우리 곁을 휙휙~ 지나가던 자전거가 엄청 느려지고 라이더들의 거친 숨소리가 들린다.

후미개고개 정상 가까이에 가게 이름도 없는 비닐하우스 간이식당이 있다. 구수한 주인아주머니가 커피도 팔고, 파전도 팔고, 막걸리도 판다. 안내자로 처음 이 길을 지날 때 일행과 함께 들러 주인아주머니와 이 얘기 저 얘기 하면서 막걸리 한잔 걸치던 집이다. 그게 인연이 되어 두 번째, 세 번째, 네 번째 이곳을 지날 때마다 들러 주인아주머니와 얘기를 나누었다. 그러다 알게 된 신기한 것이 있는데, 주인아주머니의 동생 이름이 나와 같단다. 참, 인연은 인연인가 보다.

다섯 번째 걸어가는 이번에도 잔뜩 기대를 안고 도착했더니 문이 잠겨 있다. 당황스럽다. 곧바로 문에 써놓은 핸드폰 번호로 전화를 걸어보니 주인아주머니의 목소리가 들린다. '안녕하세요. 도산서원까지 걸어가다 들렀던 그 사람인데요.' 나를 소개하자마자 '아, 예 누군지 알아요.' 답변이 바로 온다. 무척 반갑다. 그런데 병원에 입원 중이라 죄송

후미개고개 산수유 열매

하단다. 늘 거기에 계셔야 하는데 그렇지 못해서 죄송하다는 말투시다. 다음에 이 길을 지날 때 다시 들르겠으니 부디 빨리 나으시길 바라는 마음 전하고는 아쉬운 전화를 끊었다.

곧바로 후미개고개 정상이고, 반대편은 굽이굽이 경사가 급한 내리막길이다. 이쪽에선 자전거의 라이더들이 환호성을 지르며 쏜살같이 내려가는데, 반대편에선 자전거에서 아예 내려 끌거나 거친 숨을 몰아쉬며 지그재그로 올라온다. 역시 고갯길은 자전거를 타는 것보다 걷는 것이 더 돋보이는 길이다.

후미개고개에서 내려가는 길가엔 노란색 산수유꽃이 한창이다. 가을 이 길을 걸어갈 땐 붉디붉은 작은 산수유 열매가 가득했다. 후미개고개의 육백 리 귀향길은 봄에 가든, 가을에 가든 기억에 남을 산수유 풍경이 우리를 기다린다.

고갯길을 내려가면 왼쪽 골짜기 안쪽으로 마을 하나가 살포시 들어앉았다. 고개 이름은 후미개고개인데 마을 이름은 구미리다. 뭔가 엇

옛 구미포 나루터 표지석

박자다. 원래 이 마을의 이름은 남한강 '후미진 곳의 배 대기 좋은 물가'에 있는 마을이란 뜻을 가진 '후미개'였고, 강 건너 여주시 금사면의 살뛰[箭北] 마을을 배로 건너 오가는 작은 나루가 있었다. '후미'를 비슷한 소리의 한자 아홉 九(구) 자와 꼬리 尾(미) 자를 써서 九尾(구미)라 표기했다. 옛날에 'ㅎ' 소리를 'ㄱ'으로 쓰는 경우는 흔했으니, 괜히 한자의 뜻을 풀이해 '아홉 개의 꼬리'를 가진 구미호와 연결 짓지 않기를. 구미포나루는 임진왜란 때 강원도 원호(元豪) 장군이 향병과 왜군을 물리친 곳으로, 표지석이 서 있다.

여주 이포보와 천서리막국수

후미개고개를 지난 육백 리 귀향길은 남한강가 산기슭을 부드럽게 굽이돌아 작은 개울 위의 다리를 건너고, 다시 벚나무길로 꺾으면 오른쪽으론 넓은 개군레포츠공원이다. 그렇게 300m쯤 가서 또 꺾어 다리를 건너는데, 국토종주 자전거길은 개군레포츠공원을 빙 돌아가지만 육백 리 귀향길은 바로 직진하여 가로지른다. 그러면 팔당호의 남한강 가가 코앞이다.

남한강을 바짝 따라가는 둑길이 약 3km에 걸쳐 이어진다. 양쪽으로 시야가 확 트여 물과 산과 들과 마을, 안 보이는 것이 없는 길이다. 앞쪽 파사산(230.4m)의 정상에는 우리나라에서 가장 잘 복원된 고대 산성

파사성이 있는 파사산 풍경

중의 하나인 파사성이 있다. 임진왜란 때 승려 의암을 비롯한 승군이 성곽을 보완한 유적지이다. 아쉽게도 나무가 너무 왕성하게 푸르러 성벽이 산속에 숨어버렸다.

다 좋은데 아쉬운 게 하나 있는 길이다. 나무 그늘이 하나도 없다. 땡볕의 길을 3km 40분쯤 걸어가야 하니 땀범벅에 현기증이 날지 모른

개군레포츠공원 부근

이포보 입구에 선 수호신 장승들

다. 다행히 푸르른 4월은 무덥지가 않다. 적당히 덥다. 육백 리 귀향길 걷기 첫날은 3km 40분 거리가 엄청 멀게 느껴졌는데, 네 번째 날이 되니 '저 정도쯤이야~' 하며 가볍게 여겨진다. 나무 그늘 하나 없는 길이지만 생각보다 상쾌하다. 별장인지 카페인지 멋진 항아리와 꽃으로 단장한 길가의 담장까지 눈을 즐겁게 한다. 그 길의 끝에 이포보(梨浦洑)가 우릴 맞는다. 입구에는 돌과 나무로 만든 장승들이 수호신으로 늘어서 있다.

이포보, 서울에서 제일 가까운 보(洑)이기 때문에 이명박 정권의 4대강 사업을 소개할 때마다 언론에 수시로 등장했다. 보의 건설이 강의 효과적 이용에 긍정적이냐 부정적이냐, 환경을 파괴하느냐 아니냐 논란이 참 많았다. 먼 길 걷는 이의 입장에서만 보면 그냥 멋진 볼거리다. 유선형의 다리도, 교각 위마다 있는 번데기 모양의 조형물도, 물고기가 오르내리는 어도(魚道)도, 보를 넘쳐흐르는 우렁찬 물소리도 다 좋더라.

들어간 비용에 비해 효용성이 떨어진다고 해도 이미 만들어진 것 그냥 놔두고 환경 피해를 최소화할 수 있도록 관리만 잘했으면 좋겠다. 자연 그대로의 하천 또한 가치를 가지고 있지만 정비된 하천 또한 가치를 갖고 있다. 다만 앞으로는 얼마 남지 않은 자연 그대로의 남한강 지

이포보 다리

역에 더 많은 보가 만들어지지 않기를, 개발하고 싶다면 훼손을 최소화하며 개발하는 방법이 만들어질 수 있기를 바랄 뿐이다.

이포보는 멀리서 바라볼 때도 볼 만하고, 가까이 가서 보면 더 볼만하다. 하지만 먼 길 가는 이에게 너무 오래 머물며 구경하는 것은 금물이니, 잠시 멈춰 사진이나 촬영하며 스쳐 지나간다. 그러면 곧바로 천서리사거리고, 횡단보도를 두 번 건너면 꽤 유명한 맛집인 천서리막국수집이 우리를 기다린다.

양평역에서 출발한 지 약 15km, 오늘 하루 일정의 절반이니 점심 식사를 하며 충분히 쉬어갈 타임이다. 육백 리 귀향길에서 들르는 식당 중 널리 알려진 맛집은 천서리막국수집이 유일하다. 손님이 버글버글하다. 진한 육수나 비빔의 천서리막국수, 양은 주전자에 담아 양은그릇에 따라 마시는 막걸리. 모두 내 입맛에 꽤나 잘 맞는다. 함께 걷는 이들도 나쁘지는 않은 듯하니 다행이다.

배개나루, 남한강에서 가장 번창했던 나루

천서리막국수집에서 충분히 쉰 다음 다시 국토종주 자전거길로 합

당남리섬과 강 건너 배개나루

류한다. 이포대교가 남한강을 가로지르고, 둔치와 당남리섬에 잘 정비된 유원지가 보기에 아주 깔끔하고 좋다. 당남리섬 맞은편에는 작은 강애산(江崖山)이 강가에 걸쳤는데, 그 오른쪽 끝 하얀 입구가 퇴계 선생이 배를 내려 다섯 번째 날 밤을 묵은 배개나루다.

배개나루[梨浦津]는 《고려사》에도 기록되어 있을 정도로 오랜 역사를 자랑한다. 남한강 유역의 세곡을 한곳에 모아 놓았다가 큰 배에 실어 수도 개성으로 나르던 조창(漕倉)이 설치되어 있었던 나루다. 조선에 들어와 조창은 폐지되었지만 남한강에서의 명성은 그대로 유지되었다.

이중환(1690~1752)의 《택리지》에는 배개나루가 이렇게 기록되어 있다.

> (여주)읍의 서쪽에 백애마을[白崖村]이 있다. 한 굽이의 긴 강이 동남쪽

고려 때부터 남한강 세곡과 물류들이 모인 배개나루터

> 에서 동북쪽으로 흘러들어 마을 앞에서 띠를 둘렀는데, 이곳이 (남한)강가에서 제일가는 이름난 마을이다. 수구(水口)가 막힌 듯하여 강물이 흘러나감을 알기 어렵다. (여주)읍과 백애마을은 하나의 들로 통하여 동남쪽이 넓게 트이고 기후가 맑고 상쾌하다. 이 두 곳에는 여러 대를 이어 사는 사대부의 집이 많지만 백애마을 사람들은 오로지 배로 장사하길 좋아하여 농사를 대신하는데, 그 이익이 농사짓는 집보다 훨씬 낫다.

지금은 배개와 배개나루를 한자 표기 梨浦(이포)의 소리를 따서 이포와 이포나루라고 부르고 있고, 이포대교와 이포보의 이름 또한 마찬가지다. 여기서도 아쉬울 뿐이다. 배개에는 남양홍씨 양반 가문의 유명한 집성촌(集姓村)이 있었다. 또한 퇴계 선생이 가장 존경했던 인물 중의 한 사람 김안국(1478~1543)의 위패를 모시기 위해 1580년에 세운 기천서원(沂川書院)이 있던 곳이기도 하다.

기천서원은 홍선대원군의 서원철폐령에 의해 철거되었다가 1937년에 다시 세워졌는데, 산기슭 약간 높은 명당터에 자리 잡고 있어 전망이 꽤나 좋다. 1569년 음력 3월 9일, 퇴계 선생이 배에서 내려 다섯 번째 날의 밤을 어디에서 보냈는지 알 수 있는 기록은 없다. 도산서원 측에서는 김안국 선생과의 깊은 인연으로 기천서원에서 숙식했을 것이라 간주하여, 퇴계 선생 마지막 귀향길 450주년 재현 행사 때 기천서원에서 꽤 큰 기념행사를 개최하였다.

배개나루에 가면 '梨浦나루터'라고 쓴 표지석이 서 있고, 나루터 바로 남쪽의 강애산은 삼신당공원으로 단장되었다. 삼신당(三神堂)은 고대부터 배개마을 주민과 남한강을 오르내리는 뱃사공의 안녕을 위해 제사 지내는 사당이었다. 일제강점기 때만 하더라도 삼신당굿이 열리는 날에는 사람들로 인산인해를 이루어 강애산 전체가 온통 흰색으로 가득했다고 한다. 해방 후 명맥이 끊겼다가 2002년부터 다시 열리고 있다.

고난의 길, 고맙고 반가운 당미고개

공원과 레저캠핑장으로 잘 단장된 둔치와 당남리섬을 뒤로하고 이제부터 10km '고난의 길'이 시작된다.

퇴계 선생 마지막 귀향길 450주년 재현 행사 때 이 길을 걸었던 한 분이 아무것도 없는 지루한 길이라고 말하며 고개를 절래절래 흔드는 모습을 보았다. 남한강가를 바짝 따라가는데, 들이 엄청 넓고 야산과 마을은 아스라이 멀다. 게다가 나무 그늘 하나 찾기 힘드니, 아무것도 없는 지루한 길이라고 말해도 할 말이 없다. 하지만 사람에 따라, 상황

허허한 남한강 둑길

에 따라 느낌과 기억은 달라질 수 있는 법이다.

광주-원주 간 고속도로, 속칭 제2영동고속도로의 남한강대교 밑을 지나자마자 갈래 길이 나오는데, 국토종주 자전거길은 빙 돌아가지만 육백 리 퇴계길은 둑길을 따라 직진한다. 왼쪽으로 거대한 모래산이 나왔다가 곧바로 비닐하우스로 가득한 양촌리의 넓디넓은 밭이다. 오른쪽으론 이포보에 갇힌 깊고 잔잔한 남한강이고, 둔치에는 온통 물억새 천지다. 가을날 이곳을 지나 걸어갈 때 선선한 바람에 하늘거리는 누런 잎과 하얀 꽃의 키 큰 물억새 군락이 정말 장관을 이루었다. 4월 봄 초록색의 물억새 풍경은 그 정도의 장관을 이루지는 않지만 그래도 눈을 정화시키기에는 부족함이 없다.

오후에 들어서니 이태호 교수의 속도가 현저히 느려졌다. 60대 초반에 당했던 교통사고 여파가 먼 길 걷기에서 나타난 것이다. 그러니 자주 쉬어 갈 수밖에 없다. 사람 만나기 정말 힘든 남한강 둑길이라 아무 데나 주저앉아 쉬어도 누가 뭐라고 하지는 않는다. 하지만 그러면 푹 쉬는 느낌을 갖기가 어렵다. 다행히 5km 거리의 양촌리 끝머리에 자전

물억새 풍경 위로 멀리 양평 추읍산이 떠 있다.

양촌리 부근

거 라이더를 위한 쉼터가 만들어져 있어 거기서 한참 쉬었다.

안내자로서 처음 이 구간을 갈 때도 큰 낭패를 볼 뻔했다. 한겨울이고 허허벌판의 남한강 둑길이라 함께 걷는 어르신들이 몹시 지쳤는데, 그때는 처음 가는 길이라 쉼터가 어디에 있는지조차 알 수 없었다. 양촌리 끝의 그 쉼터를 발견하지 못했다면 한겨울의 차가운 맨바닥에 엉덩이를 대고 앉아서 쉴 뻔했다. 그때도 이번에도 그 쉼터에게 고마운 마음을 듬뿍 표하고 싶다.

그런데 쉼터의 이름이 없다. '고마움쉼터'라고 이름을 지어주면 고마운 마음이 조금이라도 전달될 수 있으려나. 앞으로 육백 리 귀향길을 걸어갈 분들은 이포대교에서 5km 거리에 '고마움쉼터'가 있으니 좀 지치더라도 당황할 필요가 없다.

'고마움쉼터'부터 또 허허벌판의 남한강 둑길이 이어지는데, 500m쯤 걸어가면 갑자기 밑으로 쑥 내려갔다가 다시 솟아오르는 엄청 넓은 길을 만난다. 자전거 라이더들에겐 내려가는 경사를 타고 속도를 올렸다가 그 힘으로 다시 경사를 오르는 스릴 만점의 길이다. 하지만 걷는 이들에겐 별로 좋지는 않다. 특히 바람 부는 겨울날이나 햇볕이 강한 늦봄에 걸어가면 많이 힘들다.

비행기가 비상착륙할 수 있도록 만든 임시 활주로가 아닌지 조심스럽게 추측해 본다. 그 길옆의 남한강 넓은 둔치에서는 군사훈련을 하고 있는 많은 탱크와 장갑차와 군대 천막을 다섯 번 걸어가는 중에서 세 번이나 보았다. TV의 어느 뉴스에선가 방영된 군사훈련 장면을 보았을 때 어디서 본 듯해서 놀란 적이 있는데, 바로 여기에서 훈련하는 장면이었다.

길게만 느껴졌던 허허벌판 10km 고난의 길 끝에 하천 위 다리를 건너 작은 고개가 있다. 다리도, 작은 고개도 너무 반갑고 고맙다. 단지 겨울날 추운 바람을 피하게 해주었기 때문에, 더운 늦봄 땡볕을 피하게 해주었기 때문만은 아니다. 허허벌판의 단순하고 평평한 직선의 길만 한참 동안 걸어가 보면 돌고 넘는 곡선의 길이 정말 그리워진다. 그래서 특히 고맙고 반가운 거다.

너무 작아서 그런지 이 고개에도 이름이 없다. 현재 이곳의 행정마을 이름은 당산리(堂山里)인데, 원래의 우리말 이름은 '당집이 있는 뫼(미)'가 있어서 '당미'라고 불렀다. 그러니 마을 이름을 따서 '당미고개'란 이름을 지어주면 되지 않을까.

어량진 나루터 표시판

마을에는 당산 사창(社倉)이 있었고, 양평, 여주, 대신 세 갈래가 만나는 지점이어서 어량진(魚梁津) 나루터가 번성했으며 황토돛배들의 정박지로 전해진다. 조선 후기 〈여주목지도〉와 함께 나루터의 역사 표지판이 서 있다.

세상에서 가장 아름다운 석양을 만나다

당미고개를 넘은 다음에는 왼쪽으로 낮고 작은 야산 산기슭과 오른쪽으론 남한강가 둔치의 넓은 잡목 숲이 펼쳐진다. 길고 길었던 허허벌판 고난의 길은 금방 잊히고, 나무도 풀도 꽃도 풍성한 길을 걷는다. 한 500m쯤 가면 왼쪽으로 산을 인공적으로 층층이 깎은 것인지, 아니면 강가의 모래나 자갈을 층층이 다져서 쌓아놓은 것인지 분명치 않은

여주보 직전 다리 위에서 바라본 석양

큰 언덕이 있다. 짙푸른 신록으로 가득한 4월에는 잡초만이 무성한 언덕이라 길 가는 이 아무도 주목하지 않는다. 가을날 진한 보라색의 꽃들이 언덕을 가득 메운 풍경에 놀랐던 기억이 있다.

여주보를 목전에 두고 남한강으로 흘러드는 작은 시내 하나가 있다. 우거진 잡목 사이 여러 갈래의 좁은 물길을 따라 굽이굽이 세차게 흘러 시내는 크지 않지만 물소리가 제법 크다. 육백 리 귀향길은 시내 위의 다리를 건너는데, 이태호 교수가 갑자기 다리 위에 서서 서쪽으로 몸을 돌린다. 그렇게나 지친 몸임에도 뭔가를 또 찍고 싶으신가 보다. 나도 덩달아 서쪽을 바라보았는데, 와~ 감탄사가 절로 나온다.

여주보에 올라

해가 질 때쯤엔 어느 곳에 있든 늘 석양을 바라보는 것이 습관이라 신다. 장소에 따라 어떤 석양의 풍경이 펼쳐질지 궁금해서란다. 오늘은 그곳이 여주보 직전의 다리 위였고, 빨간 해가 좌우로 길게 누운 서산 위에 떠 있다. 잔잔하고 깊은 남한강 강물 위도 빨간빛으로 가득하고, 작은 시내 물길을 따라 다리까지 뻗어온다.

멋지고 아름다운 석양의 풍경은 이 세상 어디에나 존재한다. 우리는 어느 특별한 시간에 어느 특별한 장소에서 서로 다르게 바라볼 뿐이다. 어느 석양이 더 멋지고 어느 석양이 더 아름다운가. 지금 이곳에서 내가 보고 있는 석양의 풍경, 그것이 중요한 것 아닌가.

여주보 직전의 다리 위에서 보았던 석양의 풍경은 그때 그 순간만큼은 세상에서 가장 멋지고 아름다운 석양이었다. 빨간 해가 서산 뒤로 숨어 다 사라질 때까지 다리 위를 이리저리 옮겨가며 사진을 찍고 영상을 촬영했다. 먼 길 가며 뒤를 거의 돌아보지 않는 나 혼자였으면 보지

여주보에서 본 세종의 영릉(英陵)과 효종의 영릉(寧陵)이 있는 왕대리 산세와 남한강 풍경

못할 육백 리 퇴계길의 아름다움이다. 미술사학자이자 화가이며 나의 절친인 이태호 교수와 함께 간 덕분이다.

어스름 저녁, 여주보의 다채로운 불빛 쇼가 펼쳐지다

다리에서 여주보까진 휘돌아 500m 남짓이다. 전혀 예상치 못한 어스름 저녁의 여주보 풍경이 저만치서 또 우리를 기다리고 있었다. 육백 리 퇴계길을 네 번이나 걸어갔지만 여주보는 늘 낮에 지나갔다. 그래야 여주에서 숙식을 하든 고속버스를 타고 서울 집으로 돌아갔다가 다시 오든, 시간적으로 들어맞기 때문이다. 당연히 이번에도 그러려고 일정을 잡았지만, 이태호 교수의 교통사고 후유증이 오늘 일정을 여주보에서 끝맺게 만들었는데, 그 덕분에 우연히 새로운 여주보의 모습을 볼 수 있었다.

어스름 어둠이 깔리자 여주보 다리 위의 수많은 기둥에 갑자기 불빛이 들어오기 시작했다. 보랏빛이었다. 와~ 멋진데? 그게 다인 줄 알았

훈민정음이 디자인된 여주보 수력발전소 측면. 여주보는 저녁이면 황홀한 불빛 쇼를 보여준다.

는데, 몇 초인가 지나자 노란빛으로 바뀌었다. 어? 저게 뭐야? 그런데 또 연초록빛이 들어왔다. 보랏빛 노란빛 연초록빛, 여주보의 잔잔하지만 황홀한 불빛 쇼 사이를 걸어가며 넷째 날의 일정이 멋지게 마무리되고 있었다. 그런데 저 기둥이 뭘 상징하지? 불빛 쇼에 한참 취해 걷다가 갑자기 궁금해졌다. 나중에 알아보니 물시계에서 떨어지는 물을 받던 물기둥 디자인이라고 한다.

아…, 여주 하면 세종대왕의 무덤인 영릉이 있는 곳 아닌가. 세종대왕 시기(재위: 1418~1452)는 우리나라의 역사에서 가장 실용의 시대였고, 가장 많은 과학 기기의 발명품이 쏟아져 나왔다. 그중의 대표적인 하나가 물시계고, 영릉은 여주보에서 가깝다. 여주보를 디자인한 사람에게 큰 박수를 보내고 싶다. 여주보 다리에 오르니 우리가 지나온 양평의 용문산과 추읍산 산세가 남한강 위로 나란히 겹치는 또 다른 해진 후 장관을 보며 하루를 마감했다.

용문산 여호에 떠오른 추읍산

여주보에서 본 용문산과 추읍산 풍경

5

여주에서 원주로

남한강가 산속 오솔길을 걷다

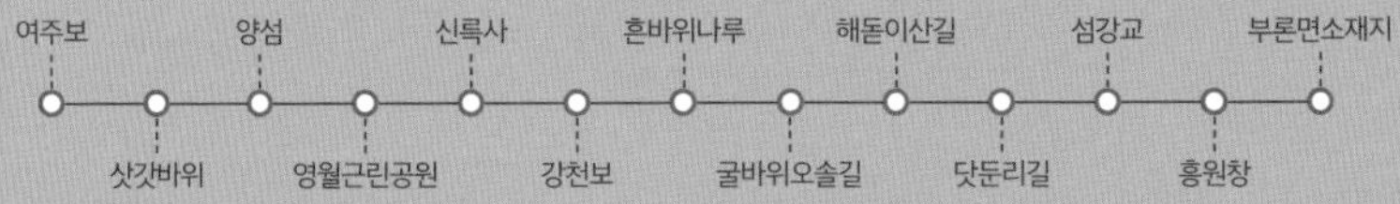

민들레와 삿갓바위

육백 리 귀향길 걷기 다섯째 날의 시작은 여주보다. 어제부터 다리가 불편하신 이태호 교수는 지팡이를 준비하셨다. 의사 제자에게 전화를 하니 불편한 다리에 힘이 덜 가게 할 수 있는 방법은 지팡이를 짚고 걷는 것이 가장 효과적이란 말을 들었다고 하셨다.

여주보에서 출발하면 산기슭과 남한강이 만나는 지점을 따라가는 약 2km의 직선 길을 먼저 걷는다. 어제 같은 고난의 길은 없고, 길 양쪽으로 나무도 풀도 많아 걷기에 상쾌하다. 특히 길가 여기저기 유독 풍성하게 피어난 노란 민들레가 기억나는 길이다. 그 길의 끝쯤에 삿갓바위가 있다. 바위 절벽 중간에 얇고 널찍한 바위 조각 여러 개가 포개져 있는데, 그게 삿갓 모양이라고 한다. 그런데 아무리 보아도 내 눈에는 삿갓처럼 보이질 않는다. 삿갓을 늘 보며 살았던 옛날 사람들에게 삿갓처럼 보여서 삿갓바위라 불렀다고 하니 내 눈이 이상한 것이라고 여기면 마음이 오히려 편해지더라.

옛날 문헌에 우리말 이름인 삿갓바위는 한자로 삿갓 笠(립) 자와 바위 巖(암) 자를 써서 笠巖(입암)이라고 기록하였다. 삿갓바위 아래의 넓고 평평한 바위 면에 고종 때 여주 목사 이인응(李寅應)이 쓴 笠巖(입암)

간간이 하얀 민들레 꽃도 보인다.

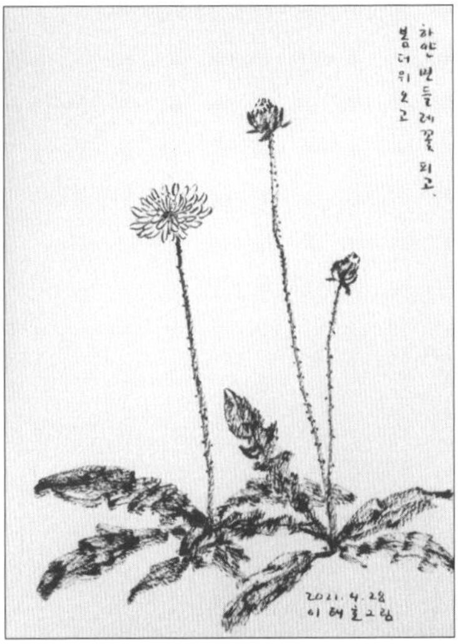

봄 더위 속에 피어난 하얀 민들레 꽃

이란 한자가 새겨져 있는데, 생각보다 찾기가 쉽지는 않다. 다들 찾고 나서는 무언가라도 이룬 듯 '저기 있네! 저기 있어!'를 외친다. 삿갓바위 풍경은 여주의 고지도에서 '삿갓바위 층층 벼랑[笠巖層巖]'으로 읊어져 여주팔경의 6경으로 기록되었다.

조선 후기 문인화가 지우재 정수영은 신륵사, 휴류암, 청심루와 여주 읍내 풍경을 그리면서 이곳 바위를 '두멍암'이라 한글로 표기하기도 했다. 이들은 1796~1797년 한강과 임진강, 한탄강을 여행하며 사생한 《한·임강명승도전》(국립중앙박물관)에 포함되어 있다. 이태호 교수는 이 화첩 이야기를 하며 삽시간에 삿갓바위와 어울린 소나무를 스케치하였다.

여강변 삿갓바위

자세히 봐야 '笠巖(입암)'이라는 글자가 보인다.

여주 시내를 통과하며

삿갓바위를 지난 육백 리 귀향길은 여주 읍내의 거대한 모래섬 양섬을 반달처럼 빙 돌아 걷는다. 귀향길과 양섬 사이 능수버들 축 늘어진 수로가 넓지 않아 작은 배 띄워 낚시라도 하면 딱 좋을 그림이다. 여기저기 물가에 백로와 왜가리가 물고기를 찾아 긴 다리를 조심조심 옮긴다. 양섬의 풍경은 '양섬에 내려앉는 기러기[羊島落雁]'로 읊어져 여

양섬

여주팔경 표지판

주팔경의 5경으로 기록되었다. 기러기는 겨울 철새이니 4월 봄길에는 상상하기 어려운 풍경이다. 늦가을 남쪽으로 날아가던 기러기들이 지친 날개 잠시 쉬느라 하얀 눈이 소복한 양섬 위에 점점이 내려앉던 풍경이리라.

여주보가 만들어지기 전 양섬 동쪽의 남한강은 거칠지 않게 조용조용 흐르던 긴 여울이었다. 여주에 와서 그 여울을 여러 번 봤는데, 수많은 작은 물결에 반짝반짝 반사되는 햇빛이 꽤나 낭만적이었다. 옛사람들은 그 풍경을 '제비여울 귀향하는 돛단배[鷰灘歸帆]'로 읊고는 여주팔경의 3경으로 기록했다. 1569년 음력 3월 10일, 퇴계 선생을 태우고 배개나루를 출발한 배가 제비여울을 오르던 모습이 딱 그 풍경이었으리라.

양섬을 돌아 여주 시내 남한강가의 인도를 따라 약 2km를 걸어간다. 강 반대편에는 높은 건물이 가득하다. 이른바 신시가지다. 크지는 않지만 서울 대도시권을 떠나 오랜만에 보는 화려한 도시 숲이라서 그런지 괜히 반갑다. 그 옛날 그곳의 강가에는 팔대수(八大藪)란 숲이 조

영월근린공원(좌)과 여주 신도심 사이 여주대교

성되어 보호받고 있었고, '팔대수 긴 숲[八大長林]'으로 읊어져 여주팔경의 4경으로 기록되었다.

한강이든 남한강이든 깊고 잔잔한 구간은 보통 호수 같다고 하여 행호, 서호, 동호, 용호, 미호 등 '○○湖(호)'라고 기록했다. 그런데 유독 여주 시내 북쪽의 남한강만은 호수라 표현하기에는 깊고 잔잔한 구간이 너무 길어서 옛날 사람들은 여주 시내 북쪽을 동에서 서로 흘러가는 남한강을 '여강(驪江)'이라 불렀다.

홍수 때 남쪽에서 엄청난 에너지를 갖고 쏟아져 흘러온 남한강이 신륵사 절벽에 부딪혀 서쪽으로 꺾이고, 또 영원근린공원의 절벽에 부딪혀 서북쪽으로 빠져나간다. 홍수가 끝나고 나면 신륵사 부근부터 여주 시내 북쪽까지 깊고 잔잔하여 호수 같은 남한강이 무려 4km나 길게 이어진다. 제비여울을 힘들게 올랐던 퇴계 선생의 배가 솔솔 부는 봄바람을 타고 유유히 거슬러 올라가는 모습을 떠올려도 괜찮을 것 같다.

여주 시내를 통과한 육백 리 퇴계길은 여주대교 밑을 돌아 영월근린

여강 마암벼랑과 영월정

공원으로 나오는데, 그 아래 강변에 여흥민씨의 시조가 탄생했다는 말바우[馬巖] 안내표지판이 있다. 우리는 육백 리 귀향길 바로 길가에 있지 않는 한 들러가지 않는 것을 원칙으로 삼았기에 가보지는 않았다.

이전에 나는 그곳을 두 번 가보았다. 깎아지른 벼랑에 말 모습의 거대한 바위가 있다고 하는데, 삿갓바위에서처럼 아무리 봐도 나에겐 말 모습처럼 보이질 않더라. 말바우에는 입암과 마찬가지로 여주 목사 이인응이 쓴 '馬巖(마암)'이란 한자가 큼지막하게 새겨져 있다. 앞서 얘기한 정수영은 이 마암을 그리고, 화면에 부엉이 바위라는 '鵂鶹岩(휴류암)'이라 써넣었다.

영월근린공원의 이름에서 영월(迎月)은 '달맞이'란 예쁜 뜻이다. 공원에서 가장 높은 절벽 위에 있는 영월루(迎月樓)에서 따온 이름인데, 1925년 옛 여주군청의 정문이었던 영월루를 이곳으로 옮겨왔다고 한다. 여주군청은 지금 여주시청으로 바뀌었는데, 여주 시내 남한강가의 인도를 걸을 때 여주시청의 뒷면을 지나왔다. 여기에 옛 여주관아가 있었고, 객사의 '청심루(淸心樓)가 문인들의 강변 풍류터로 유명했다.

여주보로부터 약 6km 한 시간 반 거리이니 한 번 쉬어갈 타임인데, 우리는 여주 시내 남한강가 인도의 벤치에서 잠시 쉬었기 때문에 그냥 스쳐 지나갔다. 나중에 여주보에서 출발하여 육백 리 귀향길을 걸어가는 사람은 첫 쉼터로 영월근린공원을 선택하면 좋겠다. 여주 시내에서 출발하는 사람도 영월근린공원을 출발점으로 삼아 들러봤으면 좋겠다.

영월루에 오르면 동에서 서로 흘러가는 남한강을 배경으로 여주 시내의 구시가지와 신시가지, 저 멀리 산과 산줄기, 마을과 신륵사 등 사방으로 조망이 탁 트여 풍경이 참 시원하다. 여주보에서 출발하면 첫 쉼터로서 원기를 회복하기에, 아침 여주 시내를 출발점으로 삼으면 하루 일정의 마음가짐을 다지기에 딱 알맞은 곳이다.

신륵사 저녁 종소리, 배미나루 고기잡이 등불

영월근린공원을 빙 돈 육백 리 귀향길은 잠시 시내의 인도를 따라 모텔촌을 지나고 다시 남한강가로 들어선다. 옛날에 이곳은 엄청나게 큰 모래사장이었는데, 지금은 진짜 깔끔하게 개발되어 호텔, 캠핑장, 황토돛배 선착장, 수상레포츠 선착장 등이 들어섰다.

길을 걷다 보면 가장 눈에 띄는 것은 황토돛배일 거다. 뭔가 다르게 보이니 자연스러울 것인데, 나는 깔끔하게 정돈된 캠핑장과 잔디밭이 더 인상적이다. 자연 그대로의 강도 좋지만 잘만 개발하면 더 좋을 수도 있음을 보여주는 대표적인 곳 중의 하나가 이곳이 아닌가 한다. 지

강천 쪽 산 능선 위로 떠오르는 해

신륵사 건너 나루터에서 찍은 여강 일출

안개 속 황토돛배

신륵사 건너 선착장

금 걸어가고 있는 국토종주 자전거길도 개발이 되지 않았다면 어땠을까 상상해본다.

그렇게 국토종주 자전거길을 걷다 보면 반대편의 신륵사 전경이 한눈에 들어온다. 사찰의 건물 지붕들이 강가의 산기슭에 푸근히 안겼는데, 그 끝 강가의 절벽과 정자와 5층 전탑이 특히 눈에 띈다. 옛날 사람들은 건너편에서 바라보는 신륵사 전경을 '신륵사 저녁 종소리[神勒暮鍾]'로 읊으며 여주팔경의 2경으로 삼았다.

신륵사 동쪽의 절벽 동대는 생각보다 길다. 봉미산 끝자락 강가의 신륵사 동대에는 3층석탑과 다층전탑 등 고려 후기 유적이 있으며, 6모 정자는 나옹선사의 아호를 따른 '강월헌(江月軒)'이다. 나옹선사의 다비를 치른 곳으로도 알려져 있고, 그 유명한 "청산은 나를 보고 말없이 살라 하고…" 선시를 떠오르게 하는 장소이다. 또 동대와 건너편 나루 언덕은 강천 쪽에서 떠오르는 일출이 아름다운 명소다.

신륵사 동대 벼랑 끝에서 남한강은 남쪽으로 꺾이는데, 여주보가

신륵사 동대바위 위 고려 후기 두 탑과 강월헌 정자

신륵사의 아침 동대

만들어지기 전 이곳엔 엄청 거칠지는 않지만 긴 여울이 있었다. 지금은 모두 물에 잠겨 호수처럼 잔잔해져서 옛 모습을 상상할 수 없다. 그리고 조금 더 가면 이호대교가 보이는데, 그 왼쪽의 마을 이름이 배미였다.

배미 앞의 남한강도 깊고 잔잔하여 배 梨(리) 자와 호수 湖(호) 자를 써서 梨湖(이호)라고 기록했다. 그래서 지금 그 마을의 행정명이 이호리이고 그 옆의 큰 다리 이름도 이호대교가 되었다. 이런 곳에 나루가 들어선다는 것은 육백 리 귀향길을 계속 걸어온 사람이라면 이젠 상식이 되지 않았을까. 그 나루의 이름은 '배미나루'였고, 한자로는 이호진(梨湖津)이라고 썼다.

조선시대만 하더라도 배미나루는 스쳐 지나가는 작은 나루였을 뿐이다. 남한강의 이쪽과 저쪽 사람들이 나룻배를 타고 오고 갔지만 강을 오르내리던 배들이 정박하던 곳은 아니었다. 그런데 일제강점기 서울에서 광주-이천-여주를 거쳐 원주와 강릉으로 가는 신작로가 배미나루를 지나가게 만들어졌고, 그때부터 배미나루는 사람과 차량을 건너게 해주는 큰 나루가 되었다.

지금은 배미나루의 그 영광을 상상할 수조차 없을 정도로 변했다. 배미나루를 지나던 신작로는 이호대교가 만들어지면서 사라졌고, 영동고속도로를 지나면서 이호대교 또한 지방의 그렇고 그런 다리가 되었다. 여주보의 영향으로 배미나루의 남한강이 깊고 잔잔한 호수가 되었지만 동쪽과 서쪽에 있었던 여울은 그 흔적도 없다.

옛날 여주 사람들은 깊고 잔잔한 배미나루에서 밤에 배를 띄워 등불을 켜고 고기를 잡았다. 그 풍경이 꽤나 멋있었나 보다. '배미나루 고기잡이 등불[蛇村漁火]'로 읊어 여주팔경의 제일인 1경으로 삼았다. 한자에서의 蛇村(사촌)은 '배미마을'을 한자로 뱀 蛇(사) 자와 마을 村(촌) 자로 쓴 것이다.

배미나루를 끝으로 여주팔경을 완전히 떠나는데, 팔경 중에서 1, 2, 3, 4, 5, 6경은 지나왔지만 7, 8경은 아직 말하지 못했다. 이왕 이렇게 된 것 나머지 두 개도 이야기하면 좋겠다는 생각이 든다.

7경은 '파사성 지나가는 소나기[婆娑過雨]'다. 파사성은 이포보 바로 옆에 있는데, 4장에서 우리나라에서 가장 잘 복원된 고대 산성 중의 하나라고 소개만 하고 지나갔다. 7경으로서의 파사성 풍경은 이포보 바로 앞에서 보는 풍경이 아니었기 때문에 그랬다. '파사성 지나가는 소나기'는 멀리서 바라본 풍경이다. 옛날 파사산에 나무가 별로 없을 때 멀리서 바라보면 장관이었을 것 같다.

8경은 '용문산 울긋불긋 단풍[龍門赤翠]'이다. 용문산은 여주가 아니라 양근과 지평 고을의 경계선에 있었다. 그럼에도 여주팔경의 8경이 된 것은 이 또한 멀리서 바라본 풍경이기 때문이다. 후미개고개를 지나왔던 개군면이 지금 양평군에 들어가 있지만 옛날에는 여주의 땅이었다. 개군면 어디에선가 울긋불긋 단풍 든 용문산 풍경이 꽤나 멋있었나 보다.

강천보

이호대교를 지난 육백 리 퇴계길은 곧바로 강천보다. 여주시 강천면의 이름을 따서 붙인 이름인데, 4대강 살리기 사업에 대한 배경과 효과를 알리기 위해 설립 운영되는 한강살리기 기념문화관이 있다. 하지만 들어가 구경하기엔 시간이 너무 걸리니 먼 길 걷는 사람이라면 건물의

여주 강천보 다리

강천보의 한강살리기 기념문화관

아름다움만 감상하고 지나쳐야 한다. 여주보로부터 약 11km 세 시간 조금 못 미치는 길이다. 그런데 여기부터 한참 동안 식사를 할 곳이 없으니 근처에서 점심 식사를 했다.

강천보는 이포보와 여주보에 비해 디자인이 단순하다. 서울에서 가장 먼 곳에 있어 이곳을 찾는 사람들이 별로 많지 않을 것이라 예상해서 그런 것인지는 모르겠다. 강천보의 전체적인 모습은 단순하지만 이포보와 여주보보다 더 구경할 만한 것이 있더라.

강천보 아이스하버식 어도

강천보 자연형 어도

강천보를 건너가면 그 끝은 산의 급경사와 만난다. 그래서 둑을 내려가는 길이 급하고 짧게 돌아가는데, 자전거를 타고 내려가면 위험할 수 있다. 이 때문에 자전거에서 내려 끌고 내려가게 설계되어 있는데, 그 밑에는 물고기가 오르내리는 어도(魚道)의 폭이 좁아 물소리가 꽤나 세차고 디자인도 볼 만하다.

흔바위나루를 향하여

강천보의 산모퉁이를 돌면 국토종주 자전거길은 이제부터 남한강가의 둑길을 따라 약 5km를 길게 이어진다. 은행나무 가로수가 줄지어 심어져 있기는 하지만 아직 크게 자라지 않아 그늘이 전혀 없다. 왜 하필 은행나무를 심어서…. 벚나무나 플라타너스, 미루나무 등등을 심었으면 벌써 커서 그늘이 풍부했을 텐데… 하는 아쉬움이 든다. 자전거길의 가로수로 은행나무는 아닌 것 같다.

4월이라고는 하나 한낮은 꽤나 덥다. 걷는 이가 더위를 탈 만한데,

강천의 바위 벼랑

강천보를 등지고 새로 심은 은행나무길

약 5km의 구간 중 그늘이 있는 곳은 영동고속도로가 지나가는 남한강교 밑이 유일하다. 하지만 거기에도 충분히 쉴 수 있는 시설을 해놓지 않았다. 다행히 남한강교를 지나자마자 자전거 라이더들을 위한 게스트하우스이자 마트가 하나 있어 한숨 쉬어갈 수 있었다. 시원한 음료수 한잔, 아니면 아이스크림 하나…. 그것만으로도 행복감을 느끼기에 충분했다.

약 5km에 걸쳐 그늘 하나 없는 남한강가의 둑길을 걸어가는 것은 이포보와 여주보 사이처럼 고난의 길로 느껴질 수 있다. 하지만 그렇지는 않았다. 둑길에서 산과 마을이 가깝고 남한강 반대편에는 남한강가를 따라 산줄기가 계속 이어진다. 직선에 가까운 길은 단순하지만 바라보이는 주변의 풍경은 다양하다. 강변 켜켜이 쌓인 바위 벼랑들이 눈길을 끈다. 그래서 그런지 고난의 길로까지 기억되지는 않는다. 그렇더라도 힘든 사람은 힘들었을 것 같다. 그 길 끝에 거대한 모래섬을 캠핑장으로 개발한 강천섬이 있다.

강천섬이 시작되는 지점의 반대편 산자락에 1569년 음력 3월 10일

여주 흔바위나루와 강천섬 풍경

저녁 퇴계 선생이 도착하여 하룻밤을 묵은 흔바위나루가 있었다. 남한강에서 가장 컸던 나루는 충주의 목계나루와 여주의 배개나루였는데, 그 사이에서 그 다음으로 컸던 나루가 바로 흔바위나루다. 경기도 남부와 충청북도 북부의 사람들이 모여들었던 이천 장호원장의 모든 물자가 바로 이 흔바위나루를 통해 서울을 오갔기 때문이다.

나는 흔바위나루에 두 번이나 가보았다. 고등학교 국사책에 탄화미(炭化米), 즉 불에 탄 쌀이 발굴되어 우리나라에서 신석기시대에도 벼를 재배했다는 것을 알려준 흔암리선사유적이 바로 흔바위나루에 있다.

흔바위를 한자로 기뻐할 欣(흔) 자와 바위 巖(암) 자로 欣巖(흔암)이라 썼던 것이 마을의 행정명이 된 것인데, 지금 그곳에 가면 선사 유적이 복원되어 있다. 흔바위는 그곳에 넓고 하얀 너럭바위가 있어 부른 이름인데, 흰 白(백) 자와 바위 巖(암) 자로 白巖(백암)이라 쓰기도 했다.

산속의 흙길 오솔길을 걷다

국토종주 자전거길은 다리를 건너 강천섬으로 들어가 휘돌아가지만 육백 리 귀향길은 잠시 이별하여 직진한다. 그러면 약 300m에 이르는 산속의 흙길 오솔길을 걷는다.

양평군이 걷는 길로서 물소리길을 만들어 운영한다면 여주시는 여주 시내 남한강의 옛 이름인 여강을 따서 여강길이라고 했다. 여강길은 다양한 코스로 나누어져 있는데, 신륵사에서 강천섬에 이르는 길을 '바위늪구비길'이라 이름 붙였다.

강천섬과 샛강 지역은 홍수가 날 때만 물에 잠기는, 바위늪구비라는 거대한 습지가 있어 생태계의 보고였다고 한다. 하지만 4대강 사업으로 거의 모두 파괴되었고 지금은 '바위늪구비길'이라는 이름으로만 남아 그 명맥을 유지하고 있다. 이 바위늪구비길이 강천섬으로의 국토종주 자전거길을 따라가지 않고 산속의 흙길 오솔길로 들어가는데, 육백리 귀향길은 그 길을 따라간다.

우리나라에서 산속의 흙길 오솔길은 흔하다. 내가 사는 서울시 구로구의 구로올레길도 산속의 흙길 오솔길이 전 구간의 1/3을 넘는데, 집이 구로올레길 구간에 있어 참 많이 걸어 다녔다. 그러니 산속의 흙길 오솔길을 걷는다는 것이 그렇게 신기하고 희귀한 경험은 아니다.

그런데 서울의 경복궁에서 출발하여 벌써 닷새째지만 산속의 흙길 오솔길을 걸어본 적이 없다. 미음고개, 후미개고개, 당미고개를 넘었지만 자전거 통행이 우선이었기에 모두 포장되어 있었다. 산속의 흙길 오솔길은 강천섬 부근에서 처음 만나는 것이기에 반갑고 신기한 길로 기억에 남는다.

걸어보면 정말 좋다

남한강가를 따라가지만 숲이 우거져 강이 거의 보이지 않는다. 완전히 사람 하나 지나가는 숲속의 오솔길이다. 험하지는 않지만 구불구불 오르내리는 오솔길 경험은 다 시켜준다. 그 오솔길을 벗어난 끝에서 얼마 남지 않은 바위늪구비의 숲을 만나는데, 갑자기 무서운 소리가 나서 깜짝 놀랐다. 야생 고라니의 소리였다.

굴바위오솔길

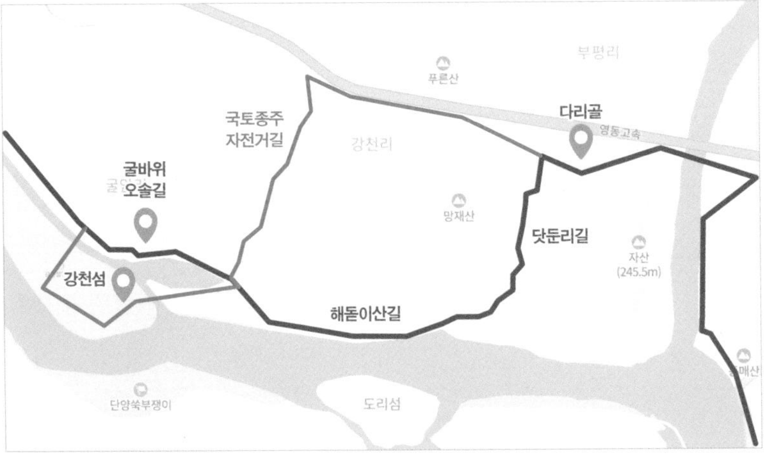

강천섬 굴바위오솔길 부근

고라니가 그렇게 우는지는 그때 처음 알았다. 사람을 무서워하는 동물이다 보니 우리를 보자마자 내달려 사라졌지만 말이다.

이렇게 기억에 남는 오솔길인데 이름이 없다. 남한강 6경인 '바위늪구비마을'에서 연유한 '바위늪구비길'이 이름이긴 하지만, 신륵사에서 강천섬까지 전 구간을 일컫는 이름이니 그 오솔길을 가리키진 않는다. 그래서 이름을 지어주려 한다. 이 동네의 행정명은 굴암리(窟巖里)이지만 옛 이름은 굴바위였다. 그래서 '굴바위오솔길'이라 부르려 하는데, 반대하는 사람이 있을까?

해돋이산길

굴바위오솔길을 지나면 강천리(康川里)다. 강천면의 이름이 유래된 곳으로 원래는 강원도 원주의 땅이었는데, 1895년에 경기도의 여주 땅으로 바뀌었다. 남한강으로 물자가 오가던 시절 강천면의 면소재지였던 곳으로, 서울-강릉간 신작로가 배미나루를 지나면서 면소재지가 신작로가 지나가는 간매리로 옮겨갔다.

바위늪구비마을과 해돋이마을 표시판

강천1리 표지석

해돋이산길 표지판과 쉼터

강천리에는 많은 마을이 있는데, 면소재지가 있던 곳은 본말이라 한다. 본말 바로 아래의 남한강가에는 서울나드리란 신기한 이름의 나루가 있었는데, 서울을 오가는 나루란 뜻에서 붙은 이름이라 한다.

국토종주 자전거길은 강천리의 본말에서 북쪽의 찻길을 따라간다. 하지만 육백 리 귀향길은 여기서도 잠시 이별을 하여 본말을 관통한 후 남한강가의 오솔길을 따라간다. 굴바위오솔길보다 훨씬 긴 약 800m에 이르는 오솔길인데, 여주시에서 만들어준 이름이 있다. 해돋이산길이다. 동쪽에서 서쪽으로 흐르는 남한강을 따라가는 오솔길이기 때문에 해가 뜰 때 남한강에 비춘 모습을 볼 수 있어 그런 이름을 붙인 것이라 한다. 이름이 참 예쁘다.

해돋이산길도 험하진 않지만 구불구불 오르내린다. 2019년 가을에 갈 때는 길에 웅크리고 있는 뱀을 보고 놀란 적이 있다. 뱀도 사람을 무서워하기에 스르르 도망갔지만 그 이후 이 길을 지나갈 때 나는 긴 나무를 준비하여 걷는다. 때론 남한강가 벼랑길에 가까운 급경사의 오솔길도 있는데, 중간에 쉬어 가라고 벤치 두 개가 마련되어 있다. 그곳에 앉아 바라보면 나무 사이사이로 남한강의 풍경이 펼쳐진다. 멋지다기

닷둔리를 지나서

다리골마을 표지석

보다는 강가 숲속 오솔길 쉼터의 참맛을 제대로 느낄 수 있다고 말하면 더 좋을 것 같다.

해돋이산길이 끝나는 지점은 깎아지른 절벽이다. 하지만 그렇다고 오솔길까지 그 절벽을 오르내리지는 않으니 겁먹을 필요는 없다. 그 절벽을 지나면 갑자기 엄청나게 넓은 밭이 나타난다. 닷둔리다.

닷둔리길, 시골길다운 시골길

밭이 정말 넓다. 가을에 갈 땐 온통 배추밭이었던 것 같은데, 기억이 맞는지는 모르겠다. 밭 옆의 길은 내가 어릴 때 걸었던 시골길 그대로다. 풀이 마차의 두 바퀴가 지나간 곳에는 없고 가운데만 있었다. 지금 마차는 없을 테니 경운기가 다녔을 이 길도 가운데만 풀이 나 있더라.

길가에 피어난 풀과 꽃도 어렸을 때 보았던 길가 야생의 풀과 꽃 같다. 국토종주 자전거길 옆에도 야생의 풀과 꽃이 참 많았고 참 예뻤다.

하지만 하다못해 주기적인 벌초처럼 뭔가 사람이 관리한 흔적이 조금이라도 있는 느낌을 완전히 지울 수는 없었다. 그런데 이곳의 풀과 꽃은 사람의 관리 흔적이 전혀 없는 진짜배기 야생의 풀과 꽃이다. 괜히 꽃과 꽃 사이를 넘나드는 벌과 나비도 지금까지 걸어오며 봐왔던 벌과 나비와는 다르게 보이더라. 실제로는 뭐가 다르겠는가. 풍경과 상황에 따라 내 마음이 달라졌을 뿐이겠지….

조금 걸어가면 길 양옆으로 미루나무가 쭉 심어져 있다. 서울의 잠실한강공원에서 미루나무길을 보았을 때 정말 반가웠는데, 역시 뭔가 사람이 다듬은 듯한 느낌을 완전히 지울 수는 없었다. 이곳 미루나무길은 어렸을 때 봤던 그 미루나무길이더라. 이런 길을 처음 만나니 정말 반갑고 고마운 마음 가득했다.

짧은 미루나무길을 지나면 진짜 마을 길이다. 이곳의 마을 이름이 닷둔리라서 닷둔리길이란 이름이 붙었다. 포장은 되었지만 구불구불 돌아간다. 저 멀리 전원주택단지가 보이는데, 길가에는 진짜 집 몇 채밖에 없다. 대추나무 감나무가 손 닿을 듯 가깝다.

아, 강원도 원주의 땅

닷둔리길은 작은 고개를 넘어 2차선의 포장도로를 만나는데, 여기서 국토종주 자전거길과 다시 재회한다. 그 길 너머에는 다리골[橋村]이란 예쁜 이름의 마을이 있다. 네 번째로 육백 리 귀향길을 걸어갈 때 강천리에서 시내버스를 타고 여주 시내로 갔는데, 다리골까지 빙 돌아가서 놀랐던 기억이 있다.

2차선 포장도로의 지금 이름은 '삼강로'다. 그런데 2차선인데도 길

가을 물억새와 섬강교

이 엄청 넓다. 옛 영동고속도로였기 때문이다. 고개를 들어 다리골 뒤쪽을 바라보면 새로 만든 영동고속도로에 차들이 획획 지나간다. 삼강로를 700m쯤 걸어 내려가면 작은 쉼터가 있는데, 사람들이 많이 방문하지 않아서 그런지 관리가 부실하다. 이곳까지 지나가는 자전거 라이더들이 적지는 않겠지만, 수시로 쉼터를 관리하게 만들 정도는 아닌 것 같다. 언젠가 육백 리 퇴계길이 유명해져서 저 쉼터가 잘 관리되어 많은 사람들이 쉬어 가는 고마운 쉼터가 되었으면 좋겠다는 바람이 또 생긴다. 부질없는 바람이 아니길….

쉼터를 지나면 바로 경기도의 여주시와 강원도의 원주시를 연결하는 섬강교다. 강원도 횡성군의 동북쪽 끝에서 발원한 섬강이 73km를 달려 남한강에 합류하는데, 거의 끝 지점에 섬강교가 있다. 다리에서 바라보이는 섬강의 물소리가 제법 크고 거칠다. 급경사라고까지 말하기는 그렇지만 꽤 거칠게 흐르는 여울의 물소리다.

여강이 섬강과 만나는 자산 풍경

흥원창 앞길에서 남한강과 섬강이 합류하는 곳

두 물이 만나는 곳에 선 벼랑, 자산 풍경

그 옛날 서울에서 큰 배가 해산물과 소금을 가득 싣고 와 섬강과 남한강이 합류하는 흥원창에 내려놓으면 작은 배가 나누어 싣고 섬강을 거슬러 올라가 문막읍의 개나루[浦津]까지 갔다. 그런데 지금 섬강교에서 바라보이는 섬강의 모습만 보면 과연 저 물길을 거슬러 어떻게 배가 올라갔을까 솔직히 믿기지 않겠지만, 뱃사공들이 배에 밧줄을 매고 물길을 만들며 끌고 올라간 것이 사실이니 의심하지 마시라.

섬강교를 건너면 드디어 경기도를 벗어난다. 지금부터 강원도 원주의 땅이다.

아쉬운 물억새길

국토종주 자전거길은 섬강교의 끝에 이르러 왼쪽으로 돌아내려 간다. 그러곤 섬강가의 시멘트 포장길을 따라가는데, 섬강 너머 자산(紫

물억새길과 섬강교

山, 245.5m)의 산세가 대단하다. 높이로만 따지면 높은 산은 아닌데 섬강가를 따라 깎아지른 절벽이 이어진다. 요즘은 클라이밍이라 부르는 암벽 등반 최고의 연습장이 이곳이란다. 직접 가서 보면 그럴 만한 산세임을 금방 느낄 수 있다.

섬강교에서 섬강과 남한강의 합류점까지는 약 1km 정도다. 나는 이 길을 함께 걸어가면서 자랑하려 했다. 가을날 이곳을 지날 때 바람에 하늘하늘 휘날리는 키 큰 회색빛 물억새의 넓디넓은 군락 사이를 한참 동안 걸어갔다. 남한강가 여기저기에 물억새 군락은 참 많았지만 국토종주 자전거길이 그 사이를 지나가는 경우는 없었다. 그런데 여기서 그걸 만난 것이다. 햐~~ 이런 길도 가는구나! 환상적인데?

하지만 4월 봄날에 가니까 물억새가 모두 베어져 없어졌다. 아직 자라지 않아서 그런 것이 아니라 아예 없애버렸다. 이 무슨 일인가. 자랑하려고 그랬다가 괜히 머쓱해지기만 했다.

흥원창 표지석과 정자

정자 안 지우재 정수영의 〈흥원창〉 그림 사진 액자

남한강이 흐른다

섬강의 물은 남한강을 만나 잔잔해진다. 그 사이에 바위 벼랑이 아름다운 섬강 강변을 따라 병풍처럼 펼쳐진다. 이곳까지 강천보의 영향이 미쳐 남한강은 물이 흐르지 않는 거대한 호수가 되었다.

육백 리 귀향길은 다시 남한강가의 둑길로 올라와 이어져 마을 하나를 지나는데, 흥호리다. 옛날에 강원도 내륙의 세곡을 모아놓았다가 큰 배에 실어 서울로 나르던 조창(漕倉)인 흥원창이 있던 마을이다. 섬강과 합류하는 마을 앞의 남한강은 옛날에도 깊고 잔잔하여 興湖(흥호)라고 기록했는데, 그래서 지금의 행정마을 이름이 흥호리다.

마을 입구의 둑길에 흥원창이란 글자를 새겨놓은 큰 표지석이 있다. 인증 사진 찍기에 딱 좋은 표지석이니 우리 또한 놓칠 리가 없다. 다 함께 표지석에 서서 찰칵!

그 옆 둑방 정자에는 조선 후기 문인 화가 지우재 정수영이 1796년에 그린 〈흥원창〉(《한·임강 명승도권》, 국립중앙박물관) 사진이 걸려 있어 옛 흥원창 모습을 떠올려 보게 한다. 물론 옛 흥원창의 풍성함은 사라

흥원창 똥뫼

부론면으로 가는 둑방 밤길

졌지만 자연 풍광은 여전하다.

1925년 을축년 대홍수는 서울을 비롯한 한강가 대부분의 지역을 쑥대밭으로 만들었다. 그때 홍호리도 산 밑까지 남한강의 물이 쏟아져 들어와 강가의 마을 대부분을 휩쓸어버렸고, 흥원창의 흔적도 다 사라졌다. 잠기지 않은 작은 산 하나가 마을 가운데에 솟아 있는데, 지금은 '동매산'이라 부른다.

옛날 사람들은 들판 가운데에 똥을 눈 것처럼 작은 산이라는 의미에서 '똥뫼'라고 불렀는데, 전국적으로 엄청 흔했다. 이 '똥뫼'를 한자로는 동녘 東(동) 자와 뫼 山(산) 자를 써서 東山(동산)이라 썼다. 지금 동산이

남한강 둑길에 들어선 흥원창 전경

라 부르는 거의 모든 산이 옛날에는 다 '똥뫼'였다. "옛날에 금잔디 동산에"라는 노래에서의 동산도 당연히 '똥뫼'를 가리킨다. 홍호리의 동매산은 그래도 '똥뫼'의 소리를 좀 부드럽게 쓴 것이다.

이제 2km 정도만 가면 오늘의 목적지인 원주시 부론면 법천리의 면 소재지다. 해가 뉘엿뉘엿 넘어가기 시작한다. 이럴 때면 이태호 교수는 석양 쪽을 어김없이 바라본다. 이번에는 걸어가는 나의 눈이 남한강을 향한다. 홍호리와 법천리 사이의 둑길을 걸어가면 지금까지 보지 못했던 남한강의 새로운 모습이 우리를 기다리고 있다.

두뭇개나루터부터 한강가를 계속 걸었지만 한강이 흘러감을 팔당역 부근에서 처음으로 보았다. 하지만 그 길이가 너무 짧았다. 이후에도 팔당댐, 이포보, 여주보, 강천보가 계속되면서 남한강이 흘러감을 볼 수 없었다.

기껏 보았다는 것이 보(洑)를 넘쳐흐르거나 어도(魚道)로 흘러내려가는 남한강 물뿐이다. 오랫동안 강은 흘러야 제맛이라는 생각을 잊고 걸어왔다. 홍호리를 지나니 이제야 남한강이 흐른다. 오늘의 도착지, 부론면 법천리의 밤은 삼겹살과 함께 뜨겁게 지나갔다.

6

원주에서 충주로 도도히 흐르는 남한강

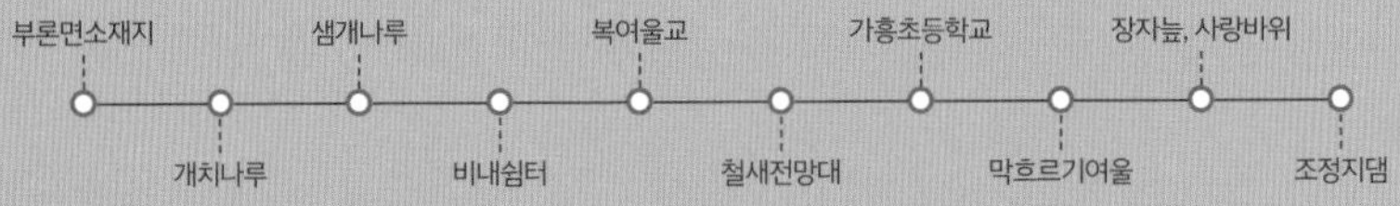

달라지는 풍경

여섯 번째 날 아침, 강원도 원주시 부론면 법천리의 면사무소 앞에 섰다. 시골 면사무소치고는 꽤나 널찍하고 깔끔하다. 면사무소 앞에는 부론독립만세기념비가 자랑스레 서 있다. 나는 육백 리 귀향길 관련으로 다섯 번, 다른 답사 때문에 네 번, 합해서 아홉 번째 찾았다. 자주 오다 보니 정이 들고 무척이나 익숙한 면사무소가 되었다. '법천'은 마을

부론면사무소

남한강대교 입구

안쪽 불법의 샘 '법천사(法泉寺)' 터에서 따온 이름이다. 법천사지는 고려의 당간지주, 지광국사 현모탑비 등이 남아 있는 남한강 최대의 폐사지로 꼽히며 현재도 발굴 중이다.

부론면소재지의 중앙을 가르며 남북으로 쭉 뻗은 간선도로의 양쪽으로는 은행나무 거목들이 즐비하다. 시골 면소재지지만 꽤나 잘 정비된 시가지의 느낌을 가져다주는 주인공이다. 하지만 아무리 그래도 시골 면소재지라는 사실은 벗어날 수 없기에 시가지를 빠져나오는 데 금방이다.

면사무소에서 남쪽으로 내려와 사거리에서 우회전하여 한 300m쯤 걸어가면 큰 다리가 하나 나온다. 강원도 원주의 땅에서 충청북도 충주의 땅으로 넘어가는 남한강대교다. 다리 입구에는 '안녕히 가십시오' 강원도 입간판이 서 있고, 이를 지나면 충주시다. 자동차가 꽤나 빨리 달리는 왕복 2차선 도로인데, 다행히 찻길 양쪽으로 자전거길이 만들어져 있다. 옛날에는 이곳에 개치나루가 있었고, 안쪽에 작은 개치마을이 있다.

남한강대교에서 바라본 흥원창 쪽 남한강

처음으로 이곳을 방문하는 사람이라면 남한강대교 위를 자전거나 자동차를 타고 지나가도 도의 경계를 넘어가는 것이니 나름대로 의미를 부여할 수 있다. 하지만 육백 리 귀향길을 걸어가는 사람에게는 그것보다 훨씬 큰 의미가 있다. 다리 위에서 남한강을 바라보라. 지금까지와는 전혀 다른 풍경이 펼쳐진다. 어제저녁 도착하는 데 급급해서 흘겨만 보았던 그 풍경, 도도하게 막힘없이 흐르는 남한강 풍경이 시작된다.

이곳의 남한강은 남쪽에서 북쪽으로 흘러가는데, 남한강대교 부근이 가장 깊고 잔잔하다. 그래서 옛날에 이쪽의 원주와 저쪽의 충주 사람들이 나룻배를 타고 건너다니던 개치나루가 있었던 것이다. 물론 개치나루에는 나룻배만 있었을 뿐 물자를 싣고 오르내리던 배들이 정박하여 북적대는 장관은 없었다. 나루치곤 그냥 작은 나루였다.

개치나루에 도착하기 직전 남쪽의 남한강은 넓은 여울이다. 경사가 급하지 않아 거칠지도 소리가 크지도 않게 흐르는데, 햇빛이 물결에 반짝반짝 빛난다. 개치나루를 지나간 북쪽 남한강도 곧바로 여울을 형

법천천 하구 개치나루터

성하는데, 경사가 꽤 급해 거칠게 큰 소리를 내며 흐른다. 하지만 아무리 거칠더라도 여울은 여울인지라 깊지가 않다. 가슴까지 차오르는 물속에 들어가 플라잉낚시를 즐기는 사람들을 심심찮게 볼 수 있는 구간이다.

잠시 1569년 음력 3월 11일의 상황을 상상해보자.

퇴계 선생은 흔바위나루에서 배를 타고 출발했고 얼마 안 있어 개치나루를 지났을 텐데, 그 모습은 어땠을까? 퇴계 선생이 탄 배에는 당연히 밧줄이 매어 있었다. 개치나루 이르기 전 여울의 서쪽은 산기슭에 맞닿아 깊다. 그러면 밧줄을 어깨에 멘 뱃사공이 동쪽의 강가를 따라 걸어가며 배를 끌고 올라가는 모습이었으리라. 개치나루에 도착하자 뱃사공이 잠시 배에 올라탔다가 다시 여울을 만나 내린다. 그런데 이곳의 여울은 동쪽이 산기슭에 맞닿아 깊다. 그러니 자연스럽게 밧줄을 어깨에 멘 뱃사공이 서쪽의 강가를 따라 걸으며 배를 끌고 올라가는 모습이었으리라.

법천사 하구 남한강 봄날 아침

남한강대교 위에서 바라본 충주 쪽 남한강 너른 여울

남한강과 들 사이의 나무그늘 없는 둑길

남한강대교와 샘개나루 사이 국토종주 자전거길

샘개나루의 거대한 느티나무

남한강대교를 지난 육백 리 귀향길은 왼쪽으로 꺾어 약 3km에 이르는 직선의 둑길을 걷는다. 왼쪽엔 도도하게 막힘없이 흐르는 남한강 풍경이 시원하고, 오른쪽엔 옷바위[衣巖]마을의 넓은 논과 밭이다. 물가의 둔치엔 거대한 느티나무 한 그루가 그 생명력을 자랑하고, 흙길 활주로에선 경비행기가 굉음을 내며 비상하는 모습이 눈길을 끈다.

나무 그늘 하나 없는 긴 길이지만 함께 하는 사람과 자연 친구가 많으니 힘들거나 심심하지 않다. 산기슭을 만나 왼쪽으로 살짝 꺾어지는 작은 내리막길이고, 길가 바로 옆에는 배밭이다. 쭉쭉 뻗은 가지를 굵은 철봉이 받치고, 가지 여기저기가 끈으로 고정되었다. 하얀 배꽃이 가득

'의암마을 옷바위' 표지석과 유래비

산기슭의 복사꽃 밭길

만개한 복사꽃

피었는데, 꽃치고는 그렇게 예쁜 꽃은 아니다. 그래도 예쁘고 좋더라.

오른쪽엔 복숭아나무 밭이 이어진 산기슭이요, 왼쪽엔 버드나무 군락이다. 4월 화사한 복사꽃이 만발한 그야말로 무릉도원 길이다. 흐르는 강물이 버드나무 사이로 간간이 보이는데, 야생의 세계를 걷는 느낌이다. 그 끝에서 작은 다리를 건넌다. 작년 장마 때 이곳에 엄청난 홍수가 있었다. 세 번째까지 걸어갈 때도 있던 다리가 작년 가을 네 번째 걸어갈 때는 완전히 파괴되어 버렸다. 다행히 그 사이에 다리를 복구해 놓아 올봄엔 다리를 걸어서 건널 수 있게 되었다.

다시 버드나무 군락 사이 목마천 옆 길을 잠시 걸어가는데, 저 멀리 거대한 느티나무 한 그루가 보인다. 샘개나루의 400년 된 느티나무다. 멀리서도 멋지지만 가까이 가서 보면 정말 장관이다. 지금까지 만난 어떤 느티나무보다 크고 나무 그늘 또한 넓다. 육백 리 귀향길 가면서 사진을 찍어 지인들에게 보낸 많은 느티나무 중 샘개나루의 이 느티나무가 가장 멋지단 평가를 받았다.

앉아서 쉴 공간도 널찍하니 마련되어 있고, 맑은 샘물이 용머리의

샘개나루 느티나무

샘개나루 느티나무 아래 용머리 모양의 샘물

입에서 꽤나 풍부하게 쏟아진다. 나루 앞쪽에는 남한강 물이 소리 없이 도도히 흘러간다. 부론면사무소에서 약 5km 한 시간 넘게 걸어왔으니 한 번쯤 쉬어갈 타임이다. 400년 느티나무가 간직한 샘개나루 옛사람들의 정취를 떠올리며 도도히 흘러가는 남한강 풍경을 즐겁고 편안하게 충분히 만끽할 수 있는 쉼터다.

하나 속지 말아야 할 것이 있다. 남한강을 걷다 보면 옛 나루터에 과

강가 버드나무 군락

장된 설명문이 너무 많다. "100여 년 전까지 소금과 농산물 거래가 활발하던 곳이었다."는 문구가 자주 발견되는데, 그런 표현을 쓸 수 있는 나루는 많지 않았다. 샘개나루는 충주의 샘개 주민들이 배를 타고 맞은편 원주의 솔미마을과 왕래를 해오던 작은 나루였다. 소금과 해산물을 실은 배들이 정박하여 물건을 내린 적은 있지만 지역 주민들을 위해 아주 가끔 아주 소량이었을 뿐이다. 나룻배로 건너 오가던 사람이 적은 나루여서 아직까지도 다리가 놓이지 않았고, 그래서 늦은 시기까지 나룻배가 운행되던 나루였다.

비내쉼터를 향하여

샘개나루를 떠나 비탈길을 오르면 이제부턴 잠시 강둑 위 찻길을 걷는다. 이 구간의 남한강가가 험해서 강가를 바짝 따라가는 국토종주

앙성면 영죽리로 가는 찻길과 남한강

영죽리 느티나무

자전거길을 만들지 못했기 때문이다. 찻길에 자전거길을 표시했다고는 하나 넓지는 않다. 차가 별로 다니지 않아 아주 위험하지는 않으니 그중에 다행이다. 남한강 물은 저 밑으로 흐른다.

1km쯤 갔을까. 전원주택 두 채를 지나면 앙성면의 영죽리다. 산 밑에 마을이 들어섰고, 마을 앞으론 층층이 너른 논밭이다. 저 멀리 또 하나의 거대한 느티나무가 보이는데, 가까이 가서 보면 샘개나루의 느티나무 못지않게 크고 웅장하다. 생명력이 장난이 아니다. 하지만 길가에 있지 않으니 스쳐 지나며 구경만 한다. 처음 이곳을 지날 때 다음 쉼터가 어디쯤 있는지 몰라 이 느티나무 아래로 가서 쉬어 갔던 기억이 있다.

느티나무를 지나면 육백 리 귀향길은 잠시 찻길을 벗어나 남한강가에 더욱 가까이 붙어서 간다. 남한강 가운데엔 거대한 모래섬이 있고, 양옆으로 물 흐르는 소리가 제법 들린다. 거칠거나 크진 않지만 여울이 있기 때문이다. 잠시 후 다시 찻길이고, 산기슭을 따라가는 길이 약 3km나 계속된다. 좀 지칠 때가 되어간다. 언제 쉼터가 나오나 은근히

비내섬 부근

조급해질 즈음, 산기슭 찻길 끝에 전원주택 여러 채가 줄지어 서 있다. 그 앞을 지나면 이 지역에서 가장 큰 모래섬인 비내섬의 북쪽 끝머리가 저 멀리 보인다. 갑자기 힘이 난다. 발걸음이 빨라지고 가볍다. 너무 멀 것만 같았던 비내쉼터가 금방이다.

부론면사무소에서 13km, 세 시간 거리니 당연히 쉬어갈 타임이다. 게다가 당분간 가게가 있는 쉼터를 만나지 못하니 이곳에서 점심 식사를 해결해야 한다. 비내쉼터 마당에는 2019년 말과 2020년 초에 방영하여 큰 인기를 끌었던 〈사랑의 불시착〉을 비롯해 비내섬에서 촬영한 각종 드라마 사진이 가득하다. 바로 앞의 비내섬을 궁금하게 만드는 사진들이다. 쉼터치고는 꽤 큰 쉼터다. 다양하진 않지만 점심을 해결하기에 충분하고 따뜻한 커피를 비롯하여 몇몇 음료수도 마실 수 있다.

먼 길 걷다 오랜만에 만난 비내쉼터는 그냥 쉼터가 아니라 아주 고마운 쉼터다. 생각지도 못했는데, 도산서원 측의 관계자들도 많이 만났다. 광화문에서 함께 출발했지만 꽤 멀리 떨어졌을 것이라 여겼던 퇴계 선생 마지막 귀향길 재현단의 오늘 도착지가 이곳이란다. 2019년 함께 걸었던 분이 많기에 반갑고 서로 인사하기에 바빴다.

비내길, 남한강가 가장 아름다운 정원길

비내쉼터에서의 점심 식사가 끝났다. 이제부터 육백 리 귀향길은 국토종주 자전거길과 또 이별한다. 비내섬은 동쪽이 남한강의 넓은 본류고, 서쪽이 좁은 지류다. 비내쉼터에서 비내섬으로 연결된 다리는 지류 위에 놓여 있어 아주 짧다. 그 다리를 넘어갈 때 함께 걷는 이들에게 흐르는 물을 바라보라 권한다.

넓게 펼쳐진 비내섬 봄철 마른 갈대밭

다리 밑의 물은 꽤 거세다. 그런데 그렇게 거센 물은 청계천에서도 봤고, 계곡에서는 훨씬 더 거센 물을 봐서 그런지 별 호응이 없다. 옛날 뱃사공들이 저렇게 거센 물을 거슬러 배를 끌고 올라갔다는 사실을 떠올릴 수 있다면 그렇게 호응이 없지는 않았을 것이다. 하지만 다 내 욕심이다. 거기까지 상상하는 사람이 얼마나 되겠는가?

비내섬은 전체가 물억새 세상이다. 물억새 사이사이로 길을 냈는데, 가을날 그 길을 걸으면 이 세상과 분리된 딴 세상을 만난다. 이런 비내섬이기에 역사극에서는 전투나 결투 장면이, 〈사랑의 불시착〉에서는 여주인공이 북한군과 함께 한적한 강가에서 고기를 잡아 모닥불에 구워 먹으며 대화를 나누는 장면이 촬영되었다.

충주시에서 앞으로 대규모 개발을 하려는 듯한데, 물억새 딴 세상을 파괴하지 않고 잘 활용할 수 있는 방법을 고안해내길 바랄 뿐이다. 물억새 딴 세상이 비내섬 최고의 장관이기에 당연히 그렇게 할 것이라 믿는다.

비내섬 갈대숲길, 충주 앙성면

복여울교

4월 봄날 비내섬의 물억새는 아직 자라기 시작한 터라 가을날 딴 세상의 추억은 아니다. 그래도 흙길, 자갈길 골라가며 거대한 모래섬 속 자연스러운 물억새 길을 걷는 그 자체로 낭만이다.

비내섬 남쪽 끝에 다시 남한강의 지류를 건너는 다리가 있다. 역시 물이 거세고 물소리도 꽤 크다. 그 다리를 건너 조금만 가면 네 번째 걸

비내섬 풍경

어갈 때만 하더라도 보지 못했던 복여울교가 있다. 이왕이면 복여울 다리라 했으면 더 좋으련만…. 복여울은 비내섬 동쪽의 여울 이름이자 건너편 충주시 소태면의 마을 이름이기도 하다. 한여울에서 이미 경험했지만 유명한 여울 이름은 그 옆의 마을 이름이기도 했다. 복여울이 시작되기 전의 남한강은 깊고 잔잔하여 앙성면의 조터마을과 소내면의 복여울마을을 건너 오가던 나루가 있었다. 그 나루의 이름도 복여울나루였다. 역시 이용이 많지 않았던 나루였기에 이제서야 다리가 놓인 것이다.

복여울교를 지나면 내가 육백 리 귀향길 중에서 가장 아름다운 길로 꼽는 비내길이 시작된다. 남한강가를 따라가는 완전한 숲속 길이다. 물가를 바짝 따라가지만 남한강은 숲속 나무와 능수버들에 가려 보일 듯 말 듯 하다. 곳곳에는 벤치가 마련되어 충분히 쉴 수 있고, 오르내리고 구불구불하기를 반복하는 길가에는 크고 작은 각종 꽃이 수줍은 듯 피어 있다. 지루한 구석이라고는 하나도 없는 길이다. 맨 끝은 장미터널이 장식한다. 비내길 전체가 그야말로 꿈속의 정원길이다.

지난가을 걸어갈 때는 장마 폭우의 피해로 인해 비내길 전체의 통행이 차단되었다. 도대체 얼마나 파괴되었기에 차단되었는지 궁금하여 차단 표시를 무시하고 그 길을 걸어 들어갔다. 그랬더니…, 내가 상상했던 것 100배 이상의 폐허였다. 곳곳의 길이 끊어지고 무너져 내렸으며, 엄청난 크기의 바위가 길가 여기저기에 뒹굴었다. 도대체 걸어가는 것 자체가 불가능할 정도였다.

국가나 지방자치단체에서 통행 차단 표시를 해놓았다면 그것을 따르는 것이 안전을 위한 최고의 선택임을 무모한 호기심을 통해 배웠다. 이왕 들어간 길이니 돌아가기 그래서 끝까지 가긴 갔지만 겨우겨우 억지로 간 길이었다.

한참 지났으니 이번에는 다 복구했을 수도 있다는 기대감에 비내길로 들어섰다. 하지만 입구 쪽에만 복구가 막 시작되었을 뿐, 끊어지고 무너져 내린 길 대부분이 작년 가을과 별반 다르지 않았다. 꿈속의 정원길이 고난의 길로 변했다. 다행인 것은 작년 가을엔 혼자 걸어갔지만 이번엔 함께 걷는 이가 있으니 힘듦을 나눌 수 있어 좀 괜찮았다. 다음번에 비내길을 걸어갈 때는 꿈속의 정원길이 다 복구되어 있기를 기대해본다.

가흥초등학교, 가흥창과 가흥역

비내길 끝은 철새전망대다. 벤치도 충분하고 보도블록도 깔끔하며 전망대도 잘 만들어놓았다. 전망대에 오르면 잔잔하고 깊은, 그러면서도 서서히 흘러가는 남한강 물을 볼 수 있다. 게다가 전혀 개발되지 않

가흥 철새전망대

은 자연 그대로의 습지 숲과 거대한 모래섬 풍경도 볼만하다. 하지만 단점이 하나 있다.

철새전망대인데 철새가 보이지 않는다. 행여나 전망대에 설치된 망원경으로 살펴보지만 역시 마찬가지다. 봄날이라 철새가 있을 리 없다. 하지만 가을날 두 번, 겨울날 한 번 걸어갔을 때도 철새는 보이지 않았다. 아휴…, 이게 어떻게 된 걸까? 철새전망대를 설치할 때는 철새가 많았는데, 그 이후 무슨 이유 때문인지 철새가 사라진 걸까? 알다가도 모를 일이다. 그래도 철새는 없지만 남한강의 주변 풍경은 볼 만하다.

철새전망대를 지나 앙성천 다리 위를 건너다 뒤를 돌아본다. 봉황산 중턱에 벼슬바위 하나가 떡하니 서 있다. 닭 벼슬을 닮아 벼슬바위라고 했는데, 예로부터 벼슬에 오르고자 하는 이가 소원하면 소원을 이룬다고 전해져 내려온다. 그럴듯한 바위에 그럴듯한 이야기다. 하지만 나는 벼슬에 오르고 싶은 욕망이 손톱만큼도 없으니 슬쩍 웃으며 구경만 하고 돌아선다.

강 건너에서 바라본 비내길 벼슬바위

육백 리 귀향길은 다시 국토종주 자전거길을 만나고 남한강가 긴 둑길이 약 3km에 걸쳐 이어진다. 개발되지 않은 자연스러운 거대한 모래섬의 숲을 스치며 볼 수 있는 즐거움이 있긴 하나 사방이 탁 트인 허허벌판을 걷자니 꽤 먼 느낌이다. 그 끝에 가홍창이 있었던 가홍초등학교가 우리를 기다린다.

1569년 음력 3월 11일 저녁, 흔바위나루를 출발한 퇴계 선생이 배에서 내려 하룻밤을 묵은 곳이다. 가홍창 옆에는 가홍역도 있었기 때문에 아마 가홍역관에서 하룻밤을 보냈을 것으로 추정하고 있다.

가홍창은 경상도와 충청도 14개 고을의 세곡을 모아놓았다가 큰 배에 실어 서울로 나르던 조창(漕倉)이었다. 원래 이 지역의 조창은 충주시 중앙탑면 창동리의 창골에 있었는데, 험한 막흐르기여울 때문에 배가 난파되는 것을 걱정하여 1465년에 가홍창을 지어 옮긴 것이다. 아쉽게도 지금은 가홍창과 가홍역의 흔적이 하나도 없다.

봉황산 중턱 비내길 벼슬바위

막흐르기여울과 목계나루

비내쉼터에서 6km, 한 시간 반을 걸어왔으니 한 번 쉬어갈 타임이다. 하지만 가흥초등학교엔 쉴 공간이 없다. 당황스러울 수 있지만 100m만 더 가면 정자 쉼터가 하나 있으니 걱정할 필요는 없다. 다만 사람들이 많이 지나가지 않아 잘 관리되고 있지 않은 게 흠이다. 육백리 퇴계길 덕분에 꽤 괜찮은 쉼터로 변모하게 될지도 모를 일이다.

정자 쉼터를 지난 뒤에는 남한강가를 바짝 따라간다. 버드나무 군락이 곳곳을 차지하고 있지만 남한강 물을 보는 데는 지장이 없다. 물살이 정말 거칠고 물소리도 정말 크다. 이곳이 거칠기로 유명했던 그 막흐르기여울이다. 이름이 멋지지 않은가. 남한강 물이 막 흘러서 '막흐르기'란 이름을 붙였으니 말이다.

나는 육백 리 귀향길을 걸어갈 때 외에도 이곳을 여러 번 답사했다. 1465년 조창(漕倉)을 가흥창으로 옮기게 만든 이유가 막흐르기여울의 험함 때문이라는데, 도대체 어떻기에 그랬는지 알고 싶어서였다. 실제로 와보니 진짜 그럴 만했다. 남한강 물이 모래섬을 휘돌아 거칠고 세차게 막 흘렀고, 곳곳에 암초도 많았다. 그 옛날 뱃사공이 퇴계 선생의 배에 밧줄을 매어 막흐르기여울의 거친 물살을 헤치며 힘들게 끌고 올라가던 모습이 그려진다.

여울이 있으면 앞뒤로 잔잔하고 깊은 호수 같은 나루가 있기 마련이다. 막흐르기여울 아래가 깊고 잔잔하니 가흥창이 있었던 것이고, 그 위 또한 깊고 잔잔하니 나루가 있었을 텐데 그것이 목계나루다. 육백리 퇴계길은 목계나루를 지나지는 않는다. 거대한 섬이 맞은편의 목계나루를 가린다. 목계나루는 배개나루보다 더 번창했던 남한강가의 가장 크고 유명한 나루였다. 하지만 오늘날 한적한 강가의 목계나루에

충주시 소태면 양촌리 막흐르기여울

가면 그 이유를 알기 어렵다. 여기서 그 비밀을 말해보면 이렇다.

서해안의 해산물과 소금을 실은 바다 배는 서울의 삼개[麻浦]에 정박하여 물건을 큰 강 배로 옮겨 싣는다. 큰 강배는 남한강을 거슬러 오르며 나루 곳곳에서 해산물과 소금을 파는데, 큰 강 배가 올라갈 수 있는 마지막 나루가 바로 목계나루였다. 목계나루부터는 큰 강 배에서 물건을 건네받은 작은 강배들이 남한강 상류를 오르내리며 팔았다. 반대로 남한강 상류 지역의 농산물을 작은 강 배들이 실어다 목계나루에 내려놓으면 큰 강 배들이 싣고서 서울로 옮겼다.

이중환의 《택리지》에서는 목계나루를 이렇게 기록했다.

> 또 그 서쪽은 목계(木溪)인데, 남한강 하류의 생선 소금을 실은 배들이 정박하여 거래를 하는 곳이다. 동해의 생선과 영남 산골의 물산이 모두 이곳에 모이므로 주민들이 모두 장사로서 큰 부를 이룬다.

캠핑장으로 변한 섬 너머 산 아래가 목계나루

장자늪과 사랑바위

목계교 밑을 지난 길은 남한강을 둘로 가르는 거대하고 길쭉한 섬을 따라 걷는다. 강 한가운데 있는 섬은 대부분 모래섬인데, 이 섬은 아니다. 남한강 가운데에 큰 언덕이 있었고, 쏟아져 내려오는 남한강 물이 그 언덕에 부딪혀 둘로 갈라진 것이다. 목계나루 근처는 캠핑장으로 개발되었고, 그 남쪽은 아직도 넓은 밭이 언덕 위에 가득하다.

섬의 동쪽이 남한강의 본류이고, 서쪽은 작고 좁은 지류다. 육백 리 귀향길은 지류를 따라가는데, 거의 시내 수준의 지류라서 이게 남한강인지 아닌지 감이 오지 않는다. 대신 버드나무 무성한 습지가 지류를 따라 길고 넓게 형성되어 있다. 그리고 그 끝에 장천리 장자늪과 사랑바위가 있다.

네 번째 걸어갈 때까지만 하더라도 장자늪과 사랑바위 모두 수풀 속에 있었다. 그래서 작은 쉼터에 설명문이 있지만 확 다가오지는 않았다. 다섯 번째인 이번에 갈 때 보니 충주시에서 수풀을 모두 제거하여 장자늪과 사랑바위를 선명하게 볼 수 있었다. 관계자 여러분께 감사한다. 이태호 교수의 스케치를 대하니 더욱 영락없이 닮은 게 또렷하다.

장자늪의 전설은 이랬다.

옛날 장천리에 천석꾼 장자가 살고 있었다. 그는 인색하고 몰인정하고 욕심이 많기로 유명한 사람이었다. 어느 날 노승이 시주를 하러 왔는데 때마침 거름을 내던 장자는 노승 바랑에 쇠똥 한 삽을 넣어 주었다. 그리고 또 목탁과 발을 빼앗아 때려 부쉈다. 노승은 합장을 하고 뒤로 돌아서 걸어가는데 뒤에서 "대사님! 대사님!" 부르는 소리가 들렸다.

노승이 돌아다보니 한 여인이, "저는 이 집 며느리인데 제 아버님의 성격이 과도해서 대신 사과를 드린다."며 쌀 한 바가지를 가지고 왔다. 묵묵히 눈을 감고 여인의 말을 듣고 있던 노승은 무거운 입을 열었다. 앞으로 3일 후 신시(申時)에 상좌승 하나가 동구 밖 느티나무 밑에서 부인을 기다릴 터이니 꼭 만나도록 하라는 부탁을 하고는 어디론가 사라졌다.

3일 후 동구 밖에 나가보니 상좌승이 기다리고 있다가 지금부터는 소승이 하라는 대로만 해야 된다고 했다. 입을 떼지 말며 무슨 소란이 있어도 그곳을 바라보지 말라고 했다. 며느리가 상좌승을 따라가다 별안간 찬바람이 뒤에서 성벽을 향해 불어 올라가는가 싶더니 하늘이 무너지듯 굉음이 울렸다. 무의식중에 며느리가 소리 나는 쪽을 바라보았다. 그러자 장자의 집은 사라져 버리고 호수로 변해 장자가 비명을 지르며 물속으로 가라앉고 있었다. 그리고 그 여인은 선 채로 한 개의 부도가 되어 버리고 말았다.

이런 일이 실제로 있었겠는가? 비슷한 내용이 여기저기서 발견되는

장천리 사랑바위

장자늪과 사랑바위

평범한 이야기다. 하지만 이야기가 장소와 결합되면 그 힘은 커지는 법이다. 장자늪 전설의 현장이 지금 장자늪으로 현존하고, 육백 리 퇴계길을 걸어가다 실제로 볼 수 있으니 앞으론 전국적으로 유명한 명소가 될지도 모를 일이다.

장자늪에는 사랑바위도 있다. 그 전설은 이렇다.

중앙탑면 장천리에 제법 큰 부자의 아들은 5대 독자였습니다. 그 아들이 장성하여 근동에서 단아한 자태에 지혜롭고 효심도 깊기로 칭찬이 자자한 아내를 맞이하게 되었으며, 아들과 며느리는 금실이 좋아 서로 아끼며 살았습니다.

그런데 며느리는 치성을 드려도 태기가 없었고 집안의 걱정은 말이 아니었습니다. 이에 후사를 보기 위해 첩을 들였으나, 아들은 첩을 거들떠 보지도 않았습니다. 며느리는 자신이 그 집에 남아 있는 한 남편의 마음이 변하지 않을 거라고 생각하고 죽기로 결심 장자못에 몸을 던졌으며, 이 사실을 알게 된 아들도 식음을 전폐하며 슬퍼하다 장자못에 몸을 던졌습니다.

후에 장자못의 물이 마르더니 여성의 성기를 닮은 바위와 남성 성기 모양의 바위가 바로 옆에 붙어 있고 작은 바위들 여러 개가 그 주변에 올망졸망 놓여 있었습니다. 마을 사람들은 며느리와 아들이 그곳에서 여러 아이들을 낳고 이승에서 이루지 못한 소망을 죽어서 이루었다며 여성의 성기를 닮은 바위를 사랑바위라고 불렀습니다. 그리고 그 바위 주위를 아홉 번 돌며 간절히 기원을 하면 자식을 얻을 수 있다고 생각하였으며, 지금까지 이 이야기가 전해지고 있습니다.

장자늪 전설보다는 흔하지 않은 이야기 구조다. 여자 성기와 남자

조정지댐

저녁에 본 탄금호 호숫가

성기를 닮았다고 하는데, 실제로 보면 놀랄 정도로 정말 닮았다. 여자 성기와 남자 성기 모양의 바위는 전국적으로 흔하다. 하지만 두 바위가 함께 결합되어 있는 경우는 드물기에 사랑바위 전설의 이야기 또한 흔하지 않은 구조로 만들어진 것이리라.

남한강 물이 다시 멈추다

장자늪과 사랑바위를 뒤로하고 1km쯤 걸어가면 길고 길었던 섬의 남쪽 끝이다. 그리고 충주댐의 보조댐인 조정지댐이 바로 코앞이다. 오늘 하루 먼 일정의 마무리가 가까워오는 느낌이다. 중앙탑주유소의 편의점에 들러 화장실도 가고, 아이스크림도 사 먹고 마지막 에너지를 충전한다. 오늘의 목적지는 중앙탑사적공원이고, 아직 4km 조금 더 남았다.

조정지댐을 지나면서 남한강 물은 호수가 되어 다시 흐름을 멈추었다. 여기서 육백 리 퇴계길은 국토종주 자전거길과 완전히 이별하여

호수 위에 떠 있는 듯한 낭만적인 산책길

또 하나의 색다른 길을 펼쳐 보인다. 찻길 옆 호숫가에 나무판자로 산책길을 만들었는데, 붕 떠 있는 길이 대부분이다. 게다가 우거진 벚나무 덕분에 온통 그늘 천지다. 벚꽃이 한창일 때는 인산인해를 이루었을 것 같다. 우리가 걸어갈 때는 벚꽃이 다 떨어져서 한적함을 실컷 맛보며 걸을 수 있는 길로 변했다.

1.5km 정도 호숫가를 붕 떠서 가는 기분을 느끼며 걷는 이 길이 꽤나 낭만적이다. 육백 리 퇴계길 중 짧게 산책할 수 있는 좋은 길을 뽑으라면 이 길도 몇 손가락 안에 들 만큼 멋지다. 그 길 끝에 모텔 하나가 나왔다. 아직 중앙탑사적공원까지 2.5km 정도 남았는데, 모텔을 보니 다리가 불편하신 이태호 교수의 피곤이 갑자기 급상승하는 것 같다. 오늘의 일정은 그 모텔 앞에서 끝을 맺었다.

7

충주에서 단양으로

국토종주 자전거길을 벗어나 육백 리 귀향길을 개척하다

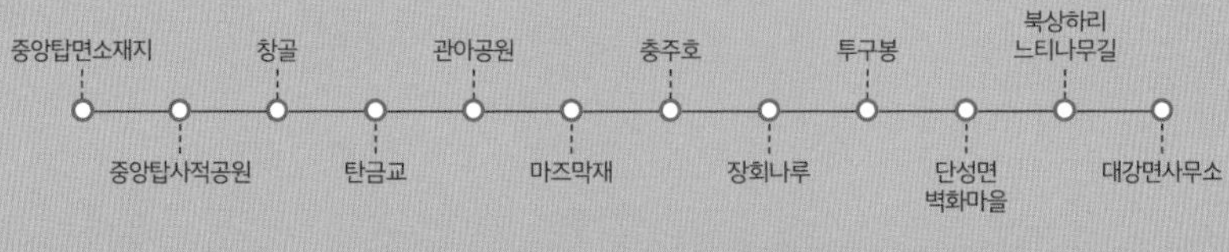

훌륭한 중앙탑사적공원

일곱째 날 출발은 어제 하룻밤을 묵은 그 모텔 앞이다. 이태호 교수는 부지런하다. 새벽 탄금호 일출을 촬영하고, 반천마을 언덕에서 그린 스케치를 보여준다. 구름이 잔뜩 낀 봄날이지만, 그 틈새로 살짝 비친 해는 호수로 아름답게 여운을 남긴다. 모텔을 출발한 육백 리 귀향길은 비탈을 휘돌아 마을로 들어선다. 조정지댐의 탄금호 호수가라서 곳곳에 잘 가꾸어진 팬션이 많지만 마을 안에는 주민들의 집이 더 많다. 집과 마을회관, 밭과 텃밭 사이를 굽이굽이 도는 길은 연세 드신 마을 주민과 수시로 마주칠 수 있는 진짜 마을 길이다. 텃밭의 상추와 대파가 참 예쁘더라.

충주 중앙탑 가는 길의 탄금호

탄금호 봄 구름 틈새로 떠오른 해

탄금호 일출

탄금호 호숫가 마을

도심에서는 보기 드문 파꽃

마을을 지나 탄금호 위의 탑평2교를 건너면 중앙탑면의 소재지다.

원래의 면 이름은 가금면이었는데, 2014년에 국보인 중앙탑의 상징성을 강조하여 중앙탑면으로 바꾸었다. 면의 이름을 통해 지명도를 높이기 위한 시도인데, 옆에 있는 금가면과 혼동을 주고 날짐승(가금류)을 연상하게 한다는 핑계를 댔던 것 같다. 내 생각엔 그렇게까지 핑계를 대지 않아도 누가 뭐라고 할 지명 개정으로 보이진 않는다. 나에겐 가금면보단 중앙탑면이 귀에 확 들어온다.

탑평2교를 지난 길은 남북의 간선도로인 중앙탑길을 따라가는데, 인도도 잘 만들어져 있어 안전하다. 완전 평지이고, 국보 중앙탑과 충주박물관이 있으며, 탄금호의 국제조정경기장과 워터파크도 있어 도로와 주차장, 식당과 마트가 꽤나 깔끔하게 정돈되어 있다. 곳곳에 농경지가 보이기는 하지만 꼭 작은 도시의 시내를 지나는 느낌이다. 그 중심엔 중앙탑사적공원이 있다.

중앙탑의 정식 유물 명칭은 충주 탑평리 7층석탑이다. 탑의 총 높이는 13m 정도라고 하는데, 흙으로 다진 높은 기단 위에 있어서 더욱 높아 보인다. 우리나라에 현존하는 탑 중에서 이 탑보다 더 높아 보이는

충주 탑평리 중앙탑사적공원 전경(상)
신라 칠층석탑과 칠층석탑 앞 석등대좌 돌연꽃(하)

탑은 없을 것 같다. 7층 석탑의 웅장함보다 탑 앞 신라 석등의 대좌인 돌연꽃이 예쁘다. 사람들도 알아 보는지, 가운데 공간에 동전들을 던져 넣고 간다. 그냥 보는 것만으로도 멋지고 아름다우니 뭔 설명이 필요하겠는가. 길 가는 나그네라면 눈으로 본 그 모습만으로 기억하면 되지 않을까?

유적으로는 탑 하나밖에 없지만 워낙 멋지고 아름다우며 유명해서

중앙탑사적공원 부근

그런지 정말 깔끔하게 꾸며져 있다. 잔디도 잘 관리했고, 나무도 여기저기 잘 배치해 심었으며, 조형물과 길까지 뭐 하나 빠질 게 없는 훌륭한 공원이다. 특히나 화장실까지 깨끗하고 주차장도 넓다. 중앙탑을 배경으로 인증 샷을 찍지 않으면 그게 더 이상한 공간이다.

창골의 덕흥창, 경원창 유적

중앙탑사적공원의 주차장을 가로지른 길은 탄금호 물 위로 설치되어 있고 멀리 충주 남산을 보며 이동한다. 호수길이라기보다는 정원 산책길이다. 길 양쪽으로 나무가 줄지어 심어져 있는데, 나무들이 굉장히 크고 우거져서 그늘이 많다. 사월의 사과꽃 농원들이 정겹다. 그래서 눈길이 길 밖보다는 길 안쪽에 집중되어 아늑한 정원의 산책길을

탄금호 호수길

걷는 기분이다. 호숫가를 따라가지만 호수로 눈길이 잘 가지 않게 하는 마력을 갖고 있는 길이다.

호숫가 길 끝에서 청금로 찻길과 만나는데, 자전거길이 찻길과 분리되어 설치되어 있으니 잘 따라가기만 하면 된다. 평범한 시골 찻길의 분위기라서 특별히 어떤 풍경을 감상하며 가는 길은 아니다. 그냥 시골길을 열심히 걸어가면 되는데, 작은 고개를 넘으면 충주 창동리 약사여래입상과 5층석탑의 안내표지판이 있다. 이곳이 1465년 막흐르기여울 때문에 가흥리로 옮겨가기 전의 조창인 경원창, 원래의 이름으로 덕흥창이 설치되었던 창골이다.

이중환의 《택리지》에서는 경원창이 있었던 곳을 금천(金遷)이라 기록했는데, 여기서 한자 遷(천)은 벼랑길을 가리킨다. 이중환은 금천을 이렇게 서술했다.

창골 나루터의 지금 모습

금천은 두 강(남한강과 달천강)이 마을 앞에서 합친 뒤에 마을 북쪽으로 둘러서 흘러간다. 동남쪽으로는 영남의 물자를 받아들이고, 서북쪽으로는 한양의 생선과 소금과 통해서 여염집들이 즐비하게 늘어서 있다. 마치 한양의 여러 강마을(나루)과 비슷하다. 배들이 잇닿아 하나의 큰 도회지를 이루었다.

조창이 경원창에서 가흥창으로 옮겨간 이후에도 금천은 나루터로서 크게 번창했다. 서해안의 해산물과 소금, 영남의 물자가 모여들고 상업이 발달하여 당시로서는 도회지처럼 큰 나루 마을이 들어섰다.

지금 창골에 가면 지형적으로 양쪽 야산 사이가 상당히 좁고, 남한강가 쪽으로는 하나의 계곡 통로만 제외하면 거의 절벽에 가깝다. 과연 이런 곳에 조창이 만들어지고 도회지처럼 번창했을지 의심스러운 사람들이 있을지 모르겠다. 하지만 원래 중요하고 번창한 나루일수록

고려시대 창동리 오층석탑과 약사여래입상

지형적으로 이렇게 좁고 답답한 곳에 있는 법이다. 그래야 앞쪽에 배를 대기에 좋은 깊고 잔잔한 호수 같은 강이 있다. 미음나루도, 배개나루도, 줢미나루도, 흔바위나루도, 목계나루도 정도의 차이가 약간씩 있을 뿐 다 그랬다.

충주 창동리 오층석탑은 길가에 있으니 한번 구경하고 간다. 아주 작고 귀여운 고려시대의 석탑으로, 원래의 위치는 북쪽 100m 지점의 개인 주택 안에 있었다고 한다. 고려시대 지방 사람들이 만든 탑 중에서 이렇게 작고 귀여운 형식이 꽤 많은데 통일신라시대 석탑에서는 찾아보기 어려운 특징이다. 석탑이 작고 귀여우면 통일신라가 아니라 고려시대의 지방에서 만든 탑이라고 보면 대부분 맞는다. 오층석탑 뒤에 보이는 담장 아래에는 벌써 붉은 모란이 탐스럽게 피어 있다. 남쪽으로 내려온 덕이다.

오층석탑 곁에는 작은 약사여래입상이 있는데, 이 역시 근처에 있던

봄 더위에 탐스럽게 핀 창동의 붉은 모란꽃

창동리 오층석탑 뒤 담장 아래 핀 모란꽃

약사여래입상

창동리 마애불상

것을 옮겨온 것이다. 왼손에 약합을 들고 서 계신 약사여래입상도 순박한 표정인데, 돌을 다듬고 새긴 솜씨가 그다지 좋지는 않다. 이것을 좋은 표현으로 바꾸면 서민적이다. 조각하던 사람이 자기 모습을 담았는지도 모르겠다. 이태호 교수는 '고려의 못난이 부처님'이라 부른다. 통일신라시대의 불상은 신격화해서 이상적 이미지로 상당히 세련되게 만든 것이 대부분이다. 불상 중에서 창동리 약사여래입상처럼 서민적으로 보이는 경우 고려시대의 작품이라 봐도 대부분 맞다.

창골에는 고려시대의 작품이 하나 더 있다. 오층석탑과 약사여래입상을 뒤로하고 산모퉁이를 돌아가면 충주 창동 마애여래입상 안내표지판이 있다. 마애여래입상까지의 거리가 150m라고 되어 있어 먼 길 가는 입장에서는 일부러 구경 갈 유적은 아니다. 나나 이태호 교수나 이미 가본 곳이지만 아직 한 번도 보지 못한 김 사장과 홍 대표를 배려하여 가보기로 했다.

창동리 마애불이 바라보는 호수의 탄금교와 충주 경치

올라가는 계단이 꽤 많지만 내려가는 계단은 더 많고 가파르다. 그렇게 내려가면 깎아지른 벼랑의 넓은 바위 면에 새겨진 큰 마애여래입상이 기다리고 있다. 부처님은 호수 너머 충주를 향해 있다. 내 눈에는 참 솜씨가 없어 보인다. 서민적이다 못해 투박하기 그지없다. 경주 남산에는 많은 마애불이 있다. 내가 보기에 사람의 모습을 세련되게 묘사했으면 통일신라시대의 작품, 서민적이고 투박하게 묘사했으면 고려시대의 작품으로 구별한다.

고려시대의 작품 모두가 서민적이고 투박한 것은 아니다. 수도 개성에 있는 작품의 대부분, 왕실 출신의 유명 스님과 관계가 있는 지방 사찰의 작품 대부분은 통일신라시대의 작품 못지않게 세련되고 솜씨가 좋다. 이유는 간단하다. 개성에는 많은 작품을 전문적으로 만드는 솜씨 좋은 석공이 있었던 반면에 지방에는 많은 작품을 전문적으로 만들 기회가 적어 석공의 솜씨가 뛰어나지 못했기 때문일것이다. 지방에 있

충주호를 가로지르는 우륵대교, 오른쪽 끝 강 건너에 탄금대가 있다.

는 사찰의 작품 중 세련되고 솜씨가 좋은 것은 다 개성에서 파견된 석공들이 만들었다고 보면 되지 않을까.

그렇다면 통일신라시대의 작품은 어땠을까?

통일신라의 골품제도는 중앙 출신 귀족에 대한 배타적 우대, 지방 출신 호족에 대한 철저한 차별을 기본으로 운영된 극단적 형태의 지역 차별적 신분제였다. 이런 사회 정치체제에서 지방의 거의 모든 사찰은 중앙 귀족과 관련되어 창설 운영되었다. 그래서 중앙의 뛰어난 석공이 파견되어 지방 사찰의 석탑과 불상을 만들었고, 그 결과 중앙과 지방을 막론하고 거의 모두 세련되고 솜씨 좋은 작품으로 남았다.

육백 리 귀향길에서 만난 충주의 창골은 고려시대 지방 출신의 석공이 만든 소박한 작품을 감상하기에 딱 좋은 유적지다. 세련된 것과 서민적이고 투박한 것, 어느 것이 더 훌륭한가? 둘 다 가치 있다고 하면 되지 않을까?

위험한 길

어젯밤 묵은 모텔로부터 거의 6km 한 시간 반 거리를 왔고, 급한 계단을 오르내리며 마애여래입상을 구경하느라 꽤나 피곤하다. 이제 어디선가 쉬어갈 타임인데, 창골의 세 유적 앞에는 앉아서 쉴 벤치가 없다. 다행스럽게도 마애여래입상을 나와 모퉁이를 살짝 돌기만 하면 강가에 작은 쉼터가 마련되어 있다. 쉬면서 탄금호를 바라보면 호수, 건너편의 마을과 농경지, 높은 우륵대교, 탄금대가 눈을 시원하게 만든다.

쉼터를 나와 한 1km쯤 걸어가면 신라의 우륵이 가야금을 연주한 탄금대로 건너가는 탄금교다. 여기부터는 진짜 충주시의 자전거길과도 완전 이별이다. 자전거도 달리지 않고 사람도 걸어가지 않는 육백 리 귀향길을 개척한다는 마음으로 걸어가야 한다. 탄금교는 왕복 2차선 도로이고, 자전거길을 만들 만한 공간이 없다. 그래서 자전거길은 탄금대를 넘지 않고 달천강 강가를 따라 남쪽으로 이어지고, 육백 리 귀향길은 그 탄금교를 건너간다.

탄금교의 길이는 약 400m다. 위험한 길로서는 꽤 길다. 탄금대교가 위쪽에 새롭게 만들어져 있어 교통량이 아주 많지 않은 건 불행 중 다

왼쪽은 새로 생긴 탄금대교, 오른쪽은 우리가 건너야 할 탄금교

행이다. 그래도 다 건널 때까지 차가 대여섯 대 정도는 지나가니 진짜 조심하며 건너야 한다. 차가 오면 난간 쪽에 바짝 붙어 걸어간다.

탄금교를 건너면 탄금대교 밑의 굴다리를 지난다. 여기는 탄금교보다도 더 위험하다. 그래도 다행스러운 것은 길이가 30m 정도로 짧다는 것이다. 진짜 조심조심하면서 굴다리를 지나면 탄금대 서쪽인데, 여기서도 안심하면 안 된다. 약 300m가량 인도가 없는 찻길을 따라 걷는다. 1569년 음력 3월 12일 가흥창을 출발한 퇴계 선생이 배에서 내린 나루가 바로 이곳에 있었다.

마음 졸이며 조심조심 건넌 찻길이 탄금대 서남쪽에 이르면 여기부터 충주 시내의 충청감영까지 인도가 만들어져 있어 안전하다. 정말 어렵고 위험한 길이었다. 언젠가 육백 리 귀향길이 유명해져서 안전한 길이 만들어지길 최고로 간절히 바라는 곳이 바로 이 구간이다. 제발 안전한 길이 만들어지길 부처님께도 예수님께도 공자님께도 빌어본다.

충주 시내의 충청감영을 향하여

탄금대는 대가야의 유민 우륵이 거문고를 연주했던 곳으로, 임진왜란 때 신립(1546~1592) 장군이 8천 정예병을 이끌고 왜군과 맞서 싸우다 장렬하게 전사한 전투의 현장으로 너무나 잘 알려져 있다. 그래서 한 번 들어가보고 싶은 마음 굴뚝같지만 예외적인 사례는 창동리 마애여래입상만으로 족하다. 먼 길 가는 나그네에게 길가에서 벗어나 답사하거나 구경하는 것은 이젠 안 된다.

탄금대의 나루에서 충청감영에 이르는 길은 예나 지금이나 똑같다. 다만 도로가 넓어지고 포장이 되었다는 차이가 있을 뿐이다. 정말 오래된 길이다. 가는 곳곳에 신호등이 설치되어 있으니 잘 지키며 걸어가면 안전하다. 단점이 있다면 나무 그늘이 없다는 것, 시내를 지나기 때문에 태양에너지의 열기가 아스팔트에 반사되어 여름이면 뜨겁다는 것이다. 봄날 4월의 오전임에도 두 단점이 영향을 미치기 시작하여 함께 걷는 이들의 갈증이 심해졌다. 겨우 찾은 길가의 편의점에 들러 아이스크림이든 음료수든 각자 하나씩 사 먹고 잠시 쉬어 간다.

충주세계무술공원 입구, 탄금대 축구장, 충주공영버스터미널, 충

충청감영 부근

들녘까지 잠식한 아파트촌

주천의 봉계교, 삼원초등학교를 지나 충주 시내의 부민삼거리까지 약 3km의 길은 완전 직선이니 고민할 필요 없이 앞만 보고 걸어가면 된다. 들녘이 도시화되며 수십 층 아파트촌이 들어서고 그 변화를 함께 보는 우리 시대 국토 공간이 전개된다.

부민삼거리에서 좌회전하여 약 500m쯤 걸어가서 제1로터리사거리를 만나는데, 거기서 우회전하여 곧바로 횡단보도를 건넌다. 그리고 남쪽으로 두 블록을 지나 약 200m를 가면 골목 입구 위에 '전통이 살아 숨쉬는 관아골입니다'란 안내표지판이 큼지막하게 달려 있다. 거기에서 좌회전하여 약 150m를 가면 충청감영의 관아공원이 우리를 맞는다.

충청감영의 비밀

관아공원 정면에 서면 '충청감영문(忠淸監營門)'이란 현판을 단 2층 문루가 있다. 안쪽에는 '중원루(中原樓)'라는 현판이 걸려 있다. 감영은 요즘의 도청을, 관찰사는 도지사를 가리킨다. 충청감영은 1395년부터

충청감영문

충청감영문 안쪽에 걸려 있는 중원루 현판

207년 동안 충주에 있다가 1602년에 공주로 옮겨갔다. 따라서 충주 관아공원의 '충청감영문'은 퇴계 선생이 서울의 경복궁을 출발한 지 8일 만인 1569년 음력 3월 12일 충청감영에 들어올 때의 모습을 상상할 수 있게 해준다. 물론 그때의 그 문은 당연히 아니지만 그래도 상상의 모티브는 될 수 있지 않겠는가.

충청감영문을 들어서면 생각보다 부지가 넓다. 반면에 건물은 청녕헌(淸寧軒), 제금당(製錦堂), 산고수청각(山高水淸閣) 세 개밖에 없어 썰렁하다. 모두 1870년에 불탄 것을 그해에 재건한 것이라고 하는데, 그때도 세 개의 건물만 있었던 것은 당연히 아니다. 세월의 흐름 속에 다 사라지고 세 개의 건물만 남은 것이다. '겨우 세 개밖에 안 남았네.'라고 생각할 수도 있으나 식민지, 해방공간의 좌우 대립, 한국전쟁, 빠른 경제성장과 국토개발을 고려하면 '그래도 세 개나 살아남았네.'라는 표현이 더 어울린다. 수백 년 된 느티나무와 은행나무들이 감영의 역사를 웅변한다. 고목들 아래에는 예쁜 각시 붓꽃들이 4월을 뽐낸다.

근현대의 우리 역사는 세계에서 유례를 찾아보기 어려울 정도의 빠

조선 말 중건한 청녕헌

충주감영 전경

청녕헌(淸寧軒) 현판

충주감영 마당에 자란 각시 붓꽃밭

른 속도로 파격적인 변화가 있었고, 그 안에서 옛 모습을 유지하며 살아남는다는 것은 결코 쉬운 일이 아니다. 그래도 관아 건물이 세 개나 살아남아 충주시민들에게 자긍심과 경제적 이익을 가져다주는 중심이 되고 있음을 감사하게 생각한다.

청녕헌은 충주목사가 집무를 보던 건물로 보통 동헌(東軒)이라고 한다. 제금당은 귀빈들이 묵던 영빈관 역할을 하던 곳이고, 산고수청각은 오늘날의 비서실 또는 부엌과 같은 용도로 사용된 것으로 알려져 있다. 충청감영에는 포털사이트에도, 안내표지판에도 나오지 않는 비밀

두 가지가 있다.

첫 번째의 비밀을 알고 싶으면 동헌인 청녕헌 앞쪽에 서서 정면을 바라보면 된다. 그러면 무엇이 보이는가? 건물이 정면 7칸의 좌우대칭이고, 지붕이 하늘로 날아갈 듯한 모양을 하고 있으며, 충주목사가 집무를 볼 때의 상황을 여러 인물의 인형으로 재현해놓았다. 대부분의 사람들에겐 이게 보일 것이다. 내 눈에도 그게 당연히 보인다. 다만 하나 더 보이는 것이 있는데, 청녕헌 건물 뒤쪽의 파란 하늘이다. 대한민국 사람들의 감성으로는 동헌 뒤에 당연히 산이 있어야 정상 아닌가?

동헌을 정면에서 바라봤는데 뒤쪽에 파란 하늘이 눈부신 배경이 되는 풍경은 우리의 상식을 벗어나는 것이다. 그걸 알고 나면 '어~ 이게 뭐지?'라는 말이 자연스럽게 튀어나올 수 있다.

그래서 하나 더 살펴보기를 권한다. 충청감영의 정문이었던 충청감영문으로 나가 멀리 앞에서 다시 충청감영문을 바라보라. 그러면 충청감영문 뒤쪽으로도 파란 하늘이 눈부신 배경이 되는 풍경을 다시 볼 수 있다. 동헌뿐만 아니라 감영 전체가 뒤쪽에 산이 보이지 않는 곳에 만들어졌기 때문이다.

조선시대 처음으로 터를 잡아 감영을 만들었다면 있을 수 없는 일이다. 왜냐고? 조선에서는 수도, 지방 도시, 궁궐, 관아, 향교, 사찰, 양반집, 왕릉, 무덤 등 모든 곳의 터를 잡을 때 철칙은 풍수의 명당 논리에 따르는 것이다. 그리고 그렇게 터를 잡은 곳에 가서 정면에서 건물을 바라보면 뒤쪽에 어김없이 산과 하늘이 있다. 그런데 충청감영 전체와 청녕헌에는 하늘만 있지 산이 없다. 충청감영의 터를 잡을 때 풍수의 명당 논리가 전혀 영향을 미치지 못했기 때문이다.

대부분의 사람들이 모르고 있는 사실인데, 풍수가 수도가 아닌 지방 도시에 영향을 미치기 시작한 것은 조선 세종 때부터다. 그 이전에 만들어진 지방 도시로 풍수의 명당 논리가 적용된 곳은 한 곳도 없었다. 충청감영도 세종 이전에 터를 잡은 곳이며, 더 구체적으로 말하면 고려시대 전기부터 그곳이 충주의 중심지였다. 그래서 청녕헌과 충청감영 문 앞에서 보면 뒤쪽으로 산이 보이지 않은 것이다. 충청감영에 도착하면 내가 말한 것처럼 꼭 살펴보길 권한다.

두 번째의 비밀은 청녕헌 주춧돌에 있다. 무엇이 보이는가? 대부분의 사람들에겐 그냥 주춧돌만 보일 것이고, 내 눈이라고 그렇지 않을 리 없다. 그런데 주춧돌에 어떤 특징이 있는데, 그 특징을 발견하는 사람이 없다. 그럼 주춧돌 어딘가에 숨어 있어서 그런 것은 아닌지 생각할 수 있는데, 그냥 아무렇게나 봐도 보인다. 다만 그 특징을 볼 수 있는 지식이 없어서 봐도 주목하지 않을 뿐이다. 정답은 주춧돌 대부분이 다듬어져 있다는 점이다.

조선시대에는 궁궐이나 왕릉 등 임금과 관련된 공간이 아니라면 주춧돌 다듬는 것을 지나치리만치 꺼렸다. 이 말이 잘 믿기지 않는 분들은 조선시대에 처음으로 만들어진 관아, 향교, 서원, 양반집, 사찰 어느 건물이든 좋으니 다듬은 주춧돌이 있나 살펴보길 바란다.

조선시대 목조 건축물은 초석으로 자연석을 활용했다. 땅에 놓은 초석의 선을 따라 사람이 다듬은 기둥의 밑둥치를 오려 맞추는 기법을 쓴 것이다. 이를 '그랭이질' 또는 '그랭이법'이라 부른다. '그랭이' 는 옛 목수들이 쓰던 고운 우리말이다.

건물을 만들 때 다듬은 주춧돌을 사용하면 수준이 엄청 떨어지는 것으로 여긴 나라가 조선이다. 반대로 통일신라시대에는 다듬지 않은 주춧돌을 사용하면 수준이 엄청 떨어지는 것으로 여겼다. 경주국립박물관에는 신라의 주춧돌이 널려 있는데, 다듬지 않은 주춧돌을 한번 찾아보기 바란다. 나는 찾지 못했는데 여기서도 혹시 찾은 분이 있다면 꼭 연락해주길 바란다. 박물관이라서 다듬은 주춧돌만 있는 것 아닌가 의심할 분들이 있을 텐데, 이런 분들은 경주 시내 여기저기에서 발견되는

청녕헌의 다듬어진 주춧돌

주춧돌이나 불국사를 비롯한 신라 사찰의 주춧돌도 함께 구경하길 바란다. 나는 그런 곳에서도 다듬지 않은 주춧돌을 본 적이 없다.

그러면 고려시대는? 다듬은 주춧돌과 다듬지 않은 주춧돌이 공존했다. 사찰에서는 다듬지 않은 주춧돌 사용하는 것을 선호하기 시작했고, 관아 건물에서는 통일신라 때보다는 수준이 떨어지긴 했지만 다듬은 주춧돌 사용하는 것을 좋아했다. 충청감영 청녕현의 주춧돌이 바로 고려시대에 만들어졌기 때문에 다듬어진 주춧돌 모습을 한 것이다. 주춧돌만 이야기했지만 조선에서는 축대도 다듬지 않은 돌을 사용한 반면에 고려에서는 다듬은 돌을 사용하였다. 청녕헌의 축대 중에도 잘 관찰해보면 다듬은 돌을 발견할 수 있고, 감영공원 담벼락 아래 모아놓은 주춧돌과 축대의 석재도 다 다듬어졌다.

우리나라에서 축대든, 주춧돌이든, 기둥이든 다듬지 않는 것에 대한 선호의 시작은 터 잡기에 풍수의 명당 논리가 적용되기 시작하면서다. 그러면 다듬지 않는 것과 풍수의 명당 논리가 어떻게 연관되는가? 아쉽지만 이 이야기를 하자면 너무 길어져야 하기에 이 글에서는 여기서 멈추고자 한다. 육백 리 귀향길을 가는 분들은 충청감영에 갔을 때 두 가지의 비밀을 발견하는 기쁨을 꼭 누리길 바란다.

충주의 충청감영은 풍수의 명당 논리와 전혀 상관없는 고려시대에 충주시 너른 들판의 한가운데에 터를 잡았다. 그리고 솜씨는 엄청 좋지 않았지만 열심히 돌을 다듬어 주춧돌을 만들고 그 위에 기둥을 세우고 지붕을 얹어 관아 건물을 만들었다. 충주 시내는 고려시대 도시의 전형을 잘 보여주고, 충청감영은 고려시대 관아 풍경을 우리에게 전해준다.

평범한 사람들의 고개 이름, 마즈막재

탄금호의 그 모텔에서 출발하여 충청감영까지 약 12km 세 시간 거리다. 딱 점심 먹을 시간이다. 관아공원 주변의 관아길에는 옛 정취가 남아 있는 식당이 꽤 있다. 근처에 있는 적당한 맛집을 찾아 점심 식사를 했다.

그런데 점심 식사를 하면서 논의할 것이 생겼다. 첫째, 9일 일정으로 가고 있는데, 좀 늦어지고 있어서 속도를 낼 필요가 생겼다. 시간이 충분하면 9일을 10일 일정으로 바꾸는 것도 한 방법이지만 나도 직장에 출근하여 먹고살아야 하기에 10일로 늦출 수는 없었다. 둘째, 코로나19 때문에 충주나루에서 청풍나루를 거쳐 장회나루까지 가는 유람선이 운행되고 있지 않으니 충주호에 길이 잠기는 마즈막재부터 장회나루까지는 차를 타고 이동해야 할 필요가 생겼다. 어떻게 하는 게 좋을까.

교통사고의 후유증 때문에 속도가 느려진 이태호 교수를 고려하기로 했다. 이태호 교수와 김 사장은 충청감영에서 차를 타고 청풍문화재단지를 답사한 후 장회나루에서 합류해 오늘의 숙소인 단양 읍내로 이동하기로 했다. 그리고 나와 홍 대표는 마즈막재까지 걸어간 후 차를 타고 장회나루로 이동하여 단성면소재지를 거쳐 대강면소재지까지 좀 빠르게 걸어가기로 했다. 지팡이를 짚고서라도 전 구간을 걸어가고 싶은 의지가 강했던 이태호 교수는 어떻게든 9일 일정으로 도산서원에 도착해야 하는 상황을 이해해 양보와 배려를 해주신 것이다.

충청감영에서 남쪽 정면으로 약 100m만 내려오면 사직로를 만나고 거기서 좌회전(동쪽)하면 마즈막재로 가는 옛길이다. 동촌사거리, 천변사거리, 안림사거리를 지나면 시내를 완전히 벗어나는데, 얼마 안 있어 충주의 명물 사과밭 풍경이 광대하게 펼쳐진다. 육백 리 귀향길에서 사과밭은 원주시 부론면의 소재지에서 처음 봤고, 충주시 중앙탑면의 중앙탑사적공원을 지나면서 두 번째로 봤다. 하지만 둘 다 산발적인 것이었다. 안림사거리부터는 길가부터 산 중턱까지 어디를 봐도 다 사과밭 천지의 세상을 만난다.

2019년 1월, 퇴계 선생 마지막 귀향길 안내 답사 때는 충주 시내 북쪽의 탄금교가 아니라 서쪽의 달천교 방향에서 걸어왔다. 충북선과 건국대사거리를 지나고부터 시내에 진입하기까지 약 600m에 걸쳐 다른 곳에서는 찾아볼 수 없는 놀라운 가로수가 있었다. 바로 사과나무였다. 그때는 겨울이라 그 사과나무 가로수의 풍경이 얼마나 신선하고 충격적인지 상상하진 못했다.

그해 가을 두 번째로 육백 리 귀향길을 걸어갈 때도 그 길을 따라갔는데, 가로수 사과나무에 붉디붉은 굵은 사과들이 주렁주렁 매달린 풍경에 넋이 나가버렸다. 와~ 이런 가로수길도 있구나! 명품 가로수길이었다. 사과나무에 주렁주렁 매달린 사과밭 풍경도 당연히 대단하지만 가로수 사과나무 풍경은 더 대단하더라. 언젠가 사과가 주렁주렁 매달리는 가을에 간다면 저녁때라도 찾아가서 꼭 걸어보고 싶은 사과나무 가로수 명품 길이다.

안림사거리를 지나 길가의 풍성한 사과밭을 처음 보면 너무나 놀라서 사진 찍기 바쁘다. 하지만 가면 갈수록 사과밭이 계속 이어지고 더 커지니 곧바로 걷기에 집중하는 것이 좋다. 그렇게 1.5km 정도 걸어가면 큰 느티나무가 나온다. 그 느티나무 바로 다음이 약목마을 입구다. 여기서 큰길과 갈라져 마을 길로 들어서는데, 이 길이 옛길이다. 나중에 길을 넓히면서 4차선의 길이 빙 돌아가게 새로 만들어졌다.

사과나무 가로수길

마즈막재 약목마을 사과밭

약목마을을 관통하는 길은 마을의 집과 집 사이를 지나가는 진짜 시골 마을 길이고, 곧이어 사과밭 천지의 세계 한가운데로 들어간다. 여기도 사과밭, 저기도 사과밭, 저 멀리도 사과밭이다. 봄날에 걸어가는 약목마을의 육백 리 귀향길은 분홍빛 살짝 물든 흰 사과꽃으로 가득하다. 가을날에 걸어가면 주렁주렁 매달린 붉디붉은 사과가 온 계곡을 뒤덮는다. 무릉도원이 따로 있겠는가. 내가 걸어가고 있는 이 길이 무릉도원이다.

사과밭이 끝나고 숲길을 살짝 지나면 난처한 상황이 나타난다. 막다른 길이다. 위쪽으로 4차선의 널찍한 새 도로를 만들면서 옛길이 끊어져 버렸다. 처음 이 길을 답사 안내할 때 꽤나 당황했다. 지도에서만 보던 길과 현실 속의 길이 다른 경우의 대표적인 사례인데, 어쩔 수 없이 노블레스 경양식집 개인 땅의 짧은 비탈길을 오르게 되었다. 개 한 마리가 무척이나 짖어댔다.

그 비탈길을 올라갈 수 있게 열어준 그 개에게 고맙고, 울타리를 쳐

마즈막재 오르는 길

마즈막재 정상에서 내려다본 충주호 풍경

서 길을 막지 않은 노블레스 경양식집 주인에게 감사했다. 비탈길을 오른 후 노블레스 경양식집에 들어가 다들 커피를 마셨는데, 넓디넓은 사과밭 계곡과 충주 시내의 멋진 풍경이 한눈에 조망되는 맛집이었다.

마즈막재 표지석

노블레스 경양식집을 나와 300m를 걸어가면 마즈막재 정상이다. 내 키보다 큰 막즈막재 표지석이 우리를 맞는데, 인증 샷 찍기에 딱 좋다. 그래서 찰칵! 찰칵! 옛날 충주의 지리지와 고지도에는 마즈막재 옆의 산 이름을 心項山(심항산)이라고 기록했다. 여기서 心項(심항)은 마즈막에 대해 비슷한 소리의 한자 마음 心(심) 자와 목 項(항) 자의 뜻을 따서

마즈막재 부근

표기한 것이다. 옛날에는 마음의 소리가 마즈와 비슷했다.

그러면 마즈막재의 뜻은 뭘까? 너무 심오하게 생각하여 心項山(심항산)의 한자와 관련된 '마음 목 고개' 정도로 해석하는 분을 보았다. 하하하… 고개를 비롯하여 옛날의 우리말 땅 이름은 그렇게 심오한 의미에 따라 지어지지 않았다. 사람들의 평범한 눈으로 보고 경험하는 평범한 세상의 모습을 통해 자연스럽게 이름이 만들어졌다. 마즈막재는 경상도 서북부 지역의 사람들이 서울을 갈 때 대재[竹嶺]부터 시작된 여러 고개 중 마지막에 있는 큰 고개이기 때문에 붙은 이름이다. 평범한 사람들이 오가며 부른 이름 마즈막재, 단순하면서도 멋진 우리말 지명이 지금도 살아남아 있음을 감사하게 생각한다.

마즈막재는 충주시에서 만든 트래킹 코스인 종댕이길의 시작점이기도 하다. 마즈막재삼거리 동쪽에 충주호종댕이길안내소 앞의 넓은 주차장이 있다. 그 끝에 긴 벤치가 여럿인데, 거기에 앉아 충주호를 바라보면 풍경이 장관이다. 저 멀리 호수 끝에 산봉우리들이 겹겹이 아스라하고,

산과 산줄기로 둘러싸인 호수와 그 위의 하늘이 빚어낸 예술이 아닐 수 없다. 양말 벗은 두 발을 쭉 뻗고 앉아 그 풍경을 바라보고 있노라면 7일 동안 걸어오면서 쌓인 피로가 싹 가신다. 솔솔 부는 바람에 발이 시원하고, 충주호 장관에 눈은 호강한다. 얼굴엔 웃음꽃이 가시질 않는다.

퇴계 선생 마지막 귀향길이 충주호에 잠기다

마즈막재에서 퇴계 선생 마지막 귀향길이 충주호에 잠긴다. 한참 동안 물속을 가던 귀향길은 제천시 한수면 덕곡리에서 뭍으로 잠깐 나와 북쪽의 경심령(驚心嶺, 379m)을 넘어 청풍면의 연론리로 넘어가지만 곧 바로 다시 충주호의 물속에 잠긴다. 신리에서 또 뭍으로 나와 작은 고개를 넘으면 남한강가에 있던 청풍도호부 고을의 중심지에 이르는데, 이 또한 모두 충주호의 물속에 잠겼다.

퇴계 선생이 청풍도호부에 들른 것은 청풍 군수로 재직하고 있는 막역한 벗 이지번(1508~1575)을 만나 회포를 풀기 위해서였다. 하지만 마즈막재에서 청풍도호부로 가는 길 대부분이 물에 잠겨 지금은 걸어갈

충주호와 주변 산봉우리들. 오른쪽이 구담봉과 옥순봉이다.

수가 없고, 청풍도호부 관아 건물의 일부도 1983년부터 3년간 남쪽 높은 지대에 청풍문화재단지를 조성하여 옮겼다.

청풍도호부를 출발한 퇴계 선생은 남한강가의 길을 타고 구담에 들러 명승을 구경한 후 단양군 고을의 중심지에 이르렀다. 남한강가의 이들 길 또한 모두 충주호에 잠겼다. 호수를 따라 옛길과 비슷하게 걸어갈 수 있는 유일한 길은 장회나루에서 단양군 고을의 중심지가 있던 지금의 단성군 면소재지까지다.

도산서원 측에서는 행사 때 충주호에 잠긴 길은 배를 타고 가는 것으로 정했다. 마즈막재에서 준비한 차량에 나누어 타고 충주댐의 충주나루까지 가서는 유람선에 올라 청풍나루까지 간다. 청풍문화재단지에 올라 퇴계 선생-이지번의 만남과 관련이 있는 한벽루 등 청풍도호부의 옛 관아 건물에서 기념행사를 거행한 후 하룻밤을 묵고 다음 날 청풍나루에서 유람선을 타고 단양의 장회나루까지 가는 것이다.

나는 다섯 번을 걸어가는 동안 충주나루에서 청풍나루를 거쳐 장회나루까지 가는 유람선을 한 번도 타지 못했다. 첫 번째 답사 안내를 하며 걸어갈 때는 마즈막재에서 청풍문화재단지까지 차량으로 이동하였고, 두 번째 혼자 갈 때는 아침 일찍이라 유람선이 운행하지 않았다. 세 번째부터 이번 다섯 번째까지는 코로나19의 대유행으로 유람선의 운행이 완전히 정지되었다. 정말 아쉽지 않을 수 없다. 유람선을 타고 갈 수 있었다면 충주나루부터 장회나루까지 충주호에서의 멋진 추억을 남길 수 있었을 텐데 말이다.

두 번째 갈 때 차선책으로 충주공영버스터미널에서 단양행 시외버스를 타고 충주시의 살미면소재지와 제천면의 수산면소재지를 거쳐 단양의 장회나루까지 갔다. 1시간 걸리는 꽤 먼 코스인데, 버스의 차창 너머로 이어지는 시골 마을과 논밭, 산과 계곡, 충주호의 풍경이 꽤 괜찮았다. 세 번째 갈 때도 이 방식을 취하려 했는데, 설상가상으로 코로나19 때문에 단양행 시외버스까지 운행이 정지되었다. 어쩔 수 없이 세 번째와 네 번째는 마즈막재에서 집으로 돌아와 며칠을 보낸 후 서울 동서울터미널에서 단양시외버스공용터미널까지 고속버스를 타고 가

충주호 유람선을 타는 장회나루

서 단양 시내버스를 갈아타고 장회나루까지 가는 새로운 방법을 취할 수밖에 없었다.

서울의 경복궁에서 9시에 출발하면 6일째 저녁 마즈막재에 도착하여 충주 시내에서 하룻밤을 묵을 수 있다. 7일째에 유람선을 탈 수 있으면 유람선을 타고 청풍나루를 거쳐 장회나루까지 가면 되고, 유람선이 운행되지 않으면 충주공영버스터미널에서 단양행 시외버스를 타고 장회나루까지 가면 된다. 코로나19가 계속 창궐하여 이도 저도 안 된다면 서울에서 고속버스를 타고 단양시외버스공용터미널까지 가서 다시 단양 시내버스를 갈아타고 장회나루까지 가는 방법밖에 없다.

장회고개 넘어 굽이굽이 달아난 충주호의 풍경

두 번째 걸어갈 때 충주에서 단양행 시외버스를 타고 장회나루에 도착한 것은 오전 11시쯤이었다. 이런 일정이라면 시간이 아주 넉넉하다. 그래서 비록 충주나루에서 청풍나루를 거쳐 장회나루까지 오는 유람선은 타지 못했지만 장회나루에서 구담봉, 옥순봉, 옥순대교를 거쳐 갔다가 돌아오는 관광 유람선이라도 타보기로 했다.

약 1시간 코스인데, 음… 내가 상상했던 것보다 100배는 멋졌다. 남한강가 깎아지른 절벽과 바위, 나무와 호수가 기기묘묘하게 만들어낸 구담봉과 옥순봉의 명승이 거기에 있었다. 오십 대 중반을 향해 가는 나이인데, 저렇게 멋진 풍경을 아직도 보지 못했다니…. 내가 그 풍경을 글로 표현해 봐야 반의반도 제대로 담아내지 못할 것 같아 아예 이야기를 하지 않으련다.

장회나루에서 배를 타고 유람한 이태호 교수는 단원 김홍도가 1796

봄 녹음과 어울린 단양 옥순봉 전경

옥으로 조성한 대나무 죽순 모양을 닮은 옥순봉

년에 그린《병진년화첩》(삼성미술관 리움)의〈옥순봉〉그림이 현장을 꼭 닮았다고 하며, 유람선을 타고 그린 자신의 스케치를 보여준다. 물에 잠긴 옥순봉 아래 벼랑에는 퇴계의 글씨 '단구동문(丹邱洞門)'이 새겨져 있단다.

만약 충주에서 단양행 시외버스를 아침에 타고 장회나루에 도착한다면 꼭 1시간짜리 그 관광 유람선을 타볼 것을 강력하게 권하고 싶다. 오늘은 마즈막재에서 차량을 타고 오후 4시가 거의 다 되어 장회나루에 도착했기 때문에 관광 유람선을 타본다는 것은 불가능하다. 게다가 전체 일정이 늦어지고 있어 오늘의 목적지인 약 12km 세 시간 거리의 단양군 대강면사무소까지 가야 하니 지체할 시간이 없다. 나와 홍 대표님 둘은 쉼 없이 걸어가야 하는 운명이다.

식당도, 마트도, 주차장도 모두 깔끔한 장회나루를 뒤로하고 2차선 포장도로의 장회고개를 걸어 오른다. 경사가 심하지는 않지만 굽이굽

옥순대교

신선이 내려와 놀았다는 강선대. 퇴계와 옛 문인들의 풍류터

거북 모양의 구담봉

이 돌아가는 고갯길이 꽤나 높다. 전형적인 시골 찻길이라 차량의 통행량은 그리 많지 않지만 속도는 꽤 빠르다. 다행히 길이 널찍해서 남한강가 쪽을 따라 걸어가면 그렇게 위험하지는 않다.

걸어가다 고갯길 중간쯤에서 뒤를 한번 돌아본다. 저 멀리 높이 솟은 산과 산줄기가 충주호를 감싸고 구담봉, 옥순봉, 강선대 등이 첩첩이 겹치며 만들어낸 풍경이 절경이다. 관광 유람선을 타고 바라보는 명승보다는 당연히 못하다. 그래도 절경이란 표현을 아껴서는 안 되는 풍경이기에 카메라 셔터를 누르지 않을 수 없는 순간이다. 다시 돌아 걸어가는 앞쪽에도 고개를 들면 산과 바위와 소나무가 하늘을 찌를 듯 솟아오르며 만든 기암괴석의 제비봉이 우리를 굽어본다. 앞도 뒤도 옆도 모두 멋진 육백 리 귀향길이다. 왼쪽 아래로는 나무 사이사이로 충주호 푸른 물이 우리와 함께 간다.

장회고개 정상쯤인가에 자가용을 타고 가던 사람들이 잠시 멈춰 쉬어갈 수 있는 작은 쉼터가 있다. 하지만 나무가 너무 우거져 먼 풍경은

갈색에서 연두색, 녹색으로 변하며 산벚나무의 열은 분홍색 기운이 어린 4월 단양 산

보이지 않는다. 정상을 지나 한 굽이 돌아가면 또 하나의 작은 쉼터가 나타난다. 네 번째 걸어갈 때 한창 단장 중이었는데, 이번에는 다 완성이 되어 있었다.

벤치가 네댓 개고 주차 공간까지 깔끔하며 나무 밑이라 그늘도 좋다. 이 정도면 당연히 쉬어가기 좋은 곳인데, 장회나루에서 걷기 시작하여 아직 멀리 오지도 않았고 체력도 충분하다. 그러니 아무리 쉼터가 예쁘고 깔끔하며 좋아도 쉴 필요는 없다. 그런데 나는 홍 대표에게 쉬어가자며 벤치에 앉았다. 왜? 육백 리 귀향길에서 만나는 풍경 중 첫손에 꼽을 만한 풍경이 거기에 있다. 분홍꽃이 지며 연두색 잎이 녹색으로 변해가는 4월 산의 색 변화는 절묘했다.

"홍 대표님, 저쪽 벤치로 옮겨가 볼까요?"

"왜요?"

"거기 가면 뭔가 좋은 게 보일 겁니다."

강선대(좌), 제비봉과 그 아래 강회나루(우)

강선대와 두향 묘

단양길 벤치에 내려다본 충주호

이미 여러 차례 걸어가면서 확인했던 그 풍경을 보여드리고 싶었다.

"그럼 가보죠."

"자, 이 벤치 앞에 서서 앞을 한번 바라보시죠."

왼쪽의 말목산(729.2m)에서 뻗은 산줄기 하나가 충주호 물을 만나 멈추었고, 남한강 푸른 물이 휘돌아 깊게 잠겼다. 오른쪽엔 산 중턱의 마을이 넓은 비탈밭 사이에 아담하게 자리 잡았고, 회색빛 푸른 산봉우리가 하늘 아래 겹겹이 겹치며 아련히 달아난다. 아…, 두렵다. 육백 리 귀향길을 걸어가는 분이 이 벤치에 서서 저 풍경을 바라보면 나의 보잘 것없는 표현력을 탓할 게 분명하다. 내 글재주가 이뿐이니 누구를 탓하랴.

홍 대표도 그 풍경에 와~ 감탄사를 내뱉는다. 내 눈에도 홍 대표의 눈에도 그리고 이 길을 걸어갈 누군가의 눈에도 똑같이 감탄스러운 풍경으로 보이리라. 그런데 이렇게 멋진 풍경을 제공하는 쉼터의 이름이 아직 없더라. 농담 삼아 함께 걸어가는 것을 기념하여 홍 대표의 이름으로 쉼터의 이름을 지어드리고 싶다고 했다. '홍석근쉼터'다. 언젠가 공식 이름이 생길지도 모르지만 그때까지 나에게 이 쉼터의 이름은 '홍석근쉼터'다. 육백 리 귀향길을 걸어가는 이 누구든 '홍석근쉼터'를 지나가면 꼭 멈추고 그 풍경을 감상하시라.

투구봉의 설화

'홍석근쉼터'를 출발하여 한 굽이만 돌면 이젠 굴곡도 높낮이도 거의 없는 산기슭 끝의 평지길이 시작된다. 그 출발점에 투구봉주유소와 투구봉가든이 있는데, 구석의 표지판에 '투구봉의 설화'가 이렇게 기록되어 있다.

충주호에 뜬 투구봉

옛날 투구봉 아랫마을인 하진에는 인동장씨가 대대로 집성촌을 이루며 살고 있었다. 어느 날 이 마을의 종가에서 투구봉의 정기를 받아 아주 건장한 아이가 태어났는데, 이 아이가 어찌나 빨리 크는지 태어난 지 세이레(21일)만에 시렁대(선반) 위에 올라앉아 있어 깜짝 놀라 내려보니 아이는 무사하였고, 얼마 지나지 않아 이제 부모도 힘으로는 아이를 어찌할 수 없을 정도로 성장하는 것이 아닌가.

이런 아이를 보며 아이의 부모와 동네 어른들은 기특해하기보다는 하루하루를 한숨만 지으며 보내게 된다. 힘이 특출난 장사가 태어나면 나라에서 그 아이뿐만 아니라 일가친척까지 역모를 일으킬 사람들이라 하여 삼족을 멸하기 때문이다.

마을 종가의 어른들은 회의 끝에 아이를 죽이기로 결정하고 아이의 집으로 찾아가서는 아이를 엎어놓고 국수 미는 안반으로 누른 후 그 위에 커다란 맷돌을 또 올려놓고 방을 나갔다. 부모는 밖에서 아이가 죽길 기다리

며 한없이 울다가 들어가 보니 오히려 아이가 맷돌을 들고 놀고 있는 것이 아닌가. 놀라움도 잠시… 부모들이 아이를 부여잡고 통곡을 하자, 아이가 말하길 "나를 죽이려거든 그런 방법으로는 죽지 않으니, 겨드랑이를 만지면 비늘이 있을 것인데, 그것을 잡아당기면 긴 날개가 따라 나올 것입니다. 힘껏 당겨 뽑으면 죽게 됩니다."라고 하여 양쪽에서 힘껏 당겨 날개를 뽑자 아이가 숨을 거두었다.

그런데 신기한 것은 아이가 죽고 나자 말목산에서 용마가 한 필 나와 집 근처를 길길이 뛰면서 울어대었고, 용수구미에서는 용이 한 마리 나와 슬피 울다가 승천하지 못하고 죽었다고 한다.

금수산이 남한강을 동으로 달리다가 천 길 낭떠러지를 이루며 펼쳐진 말목산과, 장수들이 쓰는 투구와 모양이 비슷하다고 하여 이름 붙여진 투구봉. 남한강이 굽이쳐 흐르다 크게 소를 만든 용수구미동의 지세와 관련된 설화라 할 것이다. 그러나 세월이 지나면 땅의 기운이 회복되는 법. 언젠가 이곳에 금수산과 투구봉의 정기를 받은 호인이 다시 태어나지 않으리….

갈 길이 바쁘기도 하고, 투구봉의 설화는 늘 뻔한 것 같다는 생각이 들기도 했으며, 표지판에 기록된 이야기까지 너무 길어서 대충 읽는 둥 마는 둥 했다. 그런데 집에 돌아와 내용을 찾아서 자세히 살펴보니 의외로 너무 뻔하지 않은 슬픈 이야기더라.

'투구봉의 설화'의 표지판 근처에서 정면을 바라보면 서쪽에서 동쪽으로 봉글봉글 이어지던 말뫼산(720.2m)의 끝자락에서 산줄기 하나가 남한강가를 향해 내려오다가 봉우리 하나로 솟아났는데, 그 모습이 정말 투구 모양이다. 보통 이런 지형이었다면 투구봉의 정기를 받아 뛰어난 장수가 태어나 집안을 빛냈다는 투의 뻔한 이야기가 설화로 전해지지 않을까. 그런데 역모로 삼족이 멸할 상황을 모면하기 위해 아이를 죽였다는 내용의 전개가 너무 슬프더라. 나로서는 미처 상상하지 못한 것이다. 우리나라의 설화에 너무 무성의하게 대했던 내 모습이 갑자기 부끄러워진다.

단성면 벽화마을

어둑어둑해질 시간이 멀지 않으니 투구봉주유소부터는 더욱 길을 재촉한다. 남한강가를 따라 3km쯤 갔을까. 모퉁이를 도니 옛단양뉴타운이란 이름의 전원주택단지가 보이고, 그 앞의 삼거리를 지나고부터 오랜만에 인도가 나온다. 그리고 작은 고개를 넘으니 벚나무 길이다. 벚나무가 꽤나 크고 바닥엔 나무판자가 깔려 있어 나름대로 정취가 있다. 선암골생태유람길의 일부란다. 그 길 끝 우화삼거리에서 좌회전하면 충주호의 지류 위에 옛단양으로 건너가는 우화교가 있다. 건너기

어둠이 깔리는 단성면소재지

우화교와 벚나무길

전 삼거리 안내표시판을 보니, 사인암, 도담삼봉, 하선·중선·상선암 등 가까이에 단양의 명승지가 즐비하다.

충주호에 옛단양의 주요 지역이 잠기자 지금의 단양 읍내에 신단양을 조성하여 군청소재지를 옮겼다. 단양읍의 명칭은 자연스럽게 신단양으로 옮겨갔고, 옛단양은 단성면으로 이름을 고쳤다.

우화교의 끝에서는 단성면소재지의 작고 아담한 시가지가 한눈에 조망된다. 뒤쪽의 산 위에는 중앙고속도로가 서북쪽에서 동남쪽으로 달리고, 그 왼쪽 끝의 남한강가 산 위에 적성(赤城)이 있다. 이곳에는 진흥왕 때인 545년과 550년 사이에 만들어져 국보로 지정된 단양 신라적성비가 있다. 적성 바로 아래의 단양팔경휴게소에서 웅장한 성벽의 산성에 올라 신라적성비를 누구든 볼 수 있다. 나는 두 번 올라가 봤는데, 높지 않은 산성임에도 동남쪽의 대재를 비롯하여 남한강가의 주요 지역이 한눈에 바라보인다. 나름 장관이다. 한번 올라가서 볼만한 가치

신라 적성비가 있는 단양 적성 봉우리

신라 적성비

가 있다. 그런데 휴게소로부터 10분밖에 걸리지 않음에도 오르는 사람은 별로 없으니 좀 아쉽다. 그렇다고 육백 리 귀향길을 가다가 올라가 볼 수는 없는 일이니, 그곳에 적성과 단양 신라적성비가 있다는 사실만 알고 가자.

육백 리 귀향길은 우화교를 건너 왼쪽으로 꺾어지는데, 정말 크고 우람한 벚나무 터널이 충주호 호숫가를 따라 쭉 길게 이어진다. 나뭇가지가 손에 잡힐 듯 늘어져 벚꽃이 한창일 때는 사람들로 인산인해를 이루었을 법하다. 마치 오랜 역사의 길을 걷는 기분이다. 육백 리 귀향길은 150m쯤에서 벚나무 길과 갈라져 버스 길로 들어서고, 약 100m 거리의 혜성식당에서 오른쪽으로 꺾어 벽화마을 길로 들어선다.

단성면소재지는 벽화마을로 유명하다. 골목 곳곳이 벽화로 장식되어 꽤 많은 사람들이 찾는 것으로 알고 있다. 육백 리 귀향길은 그중의 상방5길만을 지나는데, 그 출발점이 혜성식당이다. 그리 알려진 맛집은 아니지만 식당 안에 들어가면 주인아주머니가 가꾸어놓은 화분이 가득하다. 순대국에 막걸리 한잔하면서 주인아주머니와 대화를 나누었다. 화분 가꾸는 것, 분재(盆栽)가 취미시란다. 나는 분재를 전혀 모르지만 혜성식당 안에 가득한 화분은 예쁘고 멋짐을 넘어 아름답더라. 육백 리 귀향길 걸어가는 이들에게 그 아름다움을 한번 감상하고 가면 좋지 않을까 권하고 싶다.

혜성식당의 상방5길 길가 쪽 벽면 앞에는 의자 하나가 놓여 있다. 그 의자에 앉아 사진을 찍어 화면으로 보면 이게 벽화인지 실제 모습인

단성벽화마을 가게 의자

단성방앗간 홍매화 벽화

삼거리 정류장과 철쭉꽃 벽화길

할머니 초상 벽화

노송 벽화

옥순봉과 사인암 벽화

지 구분할 수 없는 신기한 사진을 보게 된다. 의자 뒤에는 백조 두 마리가 머리를 맞대어 하트 모양을 만들고, 붉은 꽃 매화나무 굵은 두 그루가 벽면 양쪽으로 서 있다. 등나무의 초록색 두 줄기가 벽면을 타고 오르니 붉은 매화가 더욱 붉게 빛난다. 의자 좌우로는 크고 작은 장독과 화분이 층층이 놓여 있는데, 어느 것이 그림이고 어느 것이 진짜인지 헷갈린다. 벽화를 그린 화가와 식당 주인아주머니의 합작품이다.

혜성식당 골목 맞은편은 상방방앗간이다. 옛 모습과 똑같다고 할 수는 없지만 면소재지 작은 떡 방앗간의 추억을 떠올리기엔 충분하다. 그 벽면에도 방앗간과 묘한 조화를 이루고 있는 멋진 벽화가 그려져 있다.

상방5길 모든 벽면에는 다종다양한 벽화가 그려져 있다. 내가 글로 묘사해봐야 그 모습을 떠올릴 수 있는 수준에는 한참 모자라니 직접 가서 볼 이들을 위해 설명은 더 이상 안 하는 게 도리인 듯하다. 다만 육백 리 귀향길을 우리에게 선물해준 퇴계 선생 모습의 벽화가 있다는 것만은 알려드린다. 퇴계 선생의 영정이 그려진 천 원짜리 지폐도 당연

단양향교

단성면사무소 벽화

히 있다. 그 길 끝이 계단인데, 거기에도 벽화는 이어진다. 단양 8경이나 명승계곡을 담은 산수 풍경화, 계절 꽃그림, 소나무, 인물 초상화, 풍속화 등 다양하다.

계단을 오르면 다시 버스 길이고, 오른쪽으로 돌자마자 단양향교가 있다. 퇴계 선생이 단양군수를 지냈고, 옛 단양 고을의 관아 건물로는 단양향교가 유일하게 살아남아 퇴계 선생의 자취를 그래도 조금이나마 떠올릴 수 있는 공간이 되었다. 그래서 도산서원 측에서는 우화교를 건넌 육백 리 귀향길이 직진하지 않고 단양향교의 앞을 지나가도록

단양향교 부근

북상하리길 벽화

하였고, 면소재지를 빙 돌아 상방5길의 벽화길도 걸어가는 행운까지 얻었다.

장회나루에서 꽤나 서둘러왔지만 길이 벌써 어둑어둑해져서 단양향교에서 오늘의 일정을 끝내고픈 마음이 살짝 일어난다. 하지만 8일째의 일정을 무리 없이 소화하려면 아무리 못 가도 대강면사무소 앞까지는 가야 한다.

단양향교를 지나면 곧바로 단성면사무소고, 길가 양쪽 벽면에도 단양팔경 명소의 벽화들 천지다. 그중에 압권은 높이가 가장 높은 단성면사무소의 벽면이다. 그림을 잘 아는 이들은 어떻게 말할지 모르겠으나 나에겐 대작으로 보인다. 눈이 휘둥그레진다.

느티나무 1km 북상하리길

단성면사무소를 지나 단성삼거리의 귀여운 단성우체국 앞을 왼쪽으로 살짝 돌아 중앙고속도로 밑을 지난다. 경사가 심하지 않은 작은

북상하리 죽령천변 느티나무길

고개다. 이제부터 벚나무 밑의 인도를 약 1km 정도 걸어서 내려가는데, 그 끝의 삼거리에서 2차선의 새 길로 가지 않고 옛길을 따라 직진한다. 그리고 얼마 후 뒤뜰교 앞에서 오른쪽으로 꺾어 죽령천변을 따라 북상하리길을 걷는다.

마을이 제법 크다. 옛날에는 북상리와 북하리 두 마을로 분리되어 있었는데, 지금은 하나로 연결되었다. 옛날 이 마을의 이름은 '아래뒷들'과 '위뒷들'이었고, 그것을 한자로 뒤 북(北)자와 아래 하(下) 자를 써서 북하리(北下里), 뒤 북(北) 자와 위 上(상) 자를 써서 북상리(北上里)로 표기했다. 요즘 사람들은 한자 北(북)을 동서남북 할 때의 북쪽만 가리키는 것으로 알고 있겠지만, 옛날에는 '앞뒤'의 '뒤'를 나타내는 한자로 쓰는 경우도 많았다.

옛단양의 뒤쪽에 있는 들이라 '뒷들'이란 이름이 붙었다. 다행히 지금 아래뒷들(북하리)에 있는 다리의 이름을 북하교라 하지 않고 옛사

죽령천변 쪽으로 뻗어 자란 느티나무

람들이 부르던 마을 이름을 따서 '뒤뜰교'라고 했다. 이왕 할 거면 죽령천가의 길도 '뒤뜰길'이라고 하면 좋았을걸, 북상리와 북하리에 걸쳐 있는 길이라는 의미로 '북상하리길'이라고 붙였다. 약간 아쉽다.

북상하리길은 육백 리 귀향길 어디에서도 찾아볼 수 없는 독특함을 갖고 있다. 죽령천변의 길가를 따라 약 1km에 걸쳐 아름드리 느티나무가 계속 이어진다. 수백 년 묵은 절묘한 형태의 느티나무들이 물길 따라 즐비하다. 아마 우리나라 전체에서도 이렇게 긴 느티나무 길은 찾기가 어려울 게다.

위뒷들과 아래뒷들 두 마을은 죽령천변의 평지에 들어서 있어서, 홍수 때 죽령천이 범람하면 그 피해를 벗어날 길이 없다. 이를 막기 위해서는 죽령천변에 제방을 튼튼하게 축조해야 했고, 그 제방 위에 느티나무를 심어 수백 년 동안 마을 수호신으로 모시며 보호해왔던 것이다. 퇴계 선생이 이곳을 지나갈 때도 북상하리길의 느티나무들은 조랑말

북상하리길 죽령천과 느티나무길 둑

한국호텔관광고등학교

타고 지나는 선생의 일행을 또렷이 지켜봤을 게다. 참 오래된 역사의 증인들이다. 오늘은 어둑한 저녁에 그 길을 걸어가 모르지만 햇볕이 따가운 낮에 지나가면 죽령천의 맑고 거친 물소리와 함께 넓고 긴 그늘을 제공하여 길 가는 나그네의 더위를 쌈박하게 식혀준다.

느티나무 북상하리길은 누구나 그 길을 걸어보고 싶을 만큼 독특함

북상하리길 부근

을 갖고 있기에 앞으로 많은 사람들이 와서 걸으며 좋은 추억을 만들어 가라고 단양군에서 또 하나의 멋진 벽화길을 만들어놓았다. 조선시대가 아니라 1960~1970년대 단양군 사람들이 살았던 삶의 모습을 그린 벽화가 많고, 우리가 텔레비전에서 많이 만났던 만화 주인공의 캐릭터들도 벽 곳곳을 장식한다. 단성면소재지의 벽화와는 또 다른 맛을 느낄 수 있는 벽화들이다.

두 번째, 세 번째, 네 번째 이 길을 걸어갈 때 놀라운 친구들을 보았다. 분명 도시에서 멀리 떨어진 시골 마을인데, 고등학교 학생쯤 되어 보이는 친구들이 꽤 많이 길을 돌아다녔다. 아니 이게 어떻게 된 일이지? 그런데 북상하리길 중간쯤을 지날 때 그 답을 찾을 수 있었다.

바로 한국호텔관광고등학교가 그곳에 있었다. 어떤 연유에서 여기에 만들어지게 되었는지 알아볼 생각은 없지만 이런 깡촌에 있는 것은 분명 신기한 일이다. 시골 마을임에도 집들이 꼭 도시의 개인주택단지처럼 반듯반듯한데, 한국호텔관광고등학교 학생들을 위한 하숙집이거나 원룸으로 지어진 것이리라.

그렇게 이어진 느티나무 북상하리길의 끝에 북상교가 있고, 그 다리를 건너면 왕복 4차선 단양로의 북상삼거리다. 깔끔한 인도를 따라 600m쯤 가서 만나는 삼거리의 횡단보도를 건너면 곧바로 대강면사무소가 보인다. 내일의 일정을 무리 없이 소화하기 위해 서둘러 걸어왔지만 가로등 환한 밤 7시다. 그렇게 일곱째 날의 일정이 대강면사무소 앞에서 끝났다.

8

단양에서 영주로

대재를 넘어
허허벌판 고난의 길을 지나

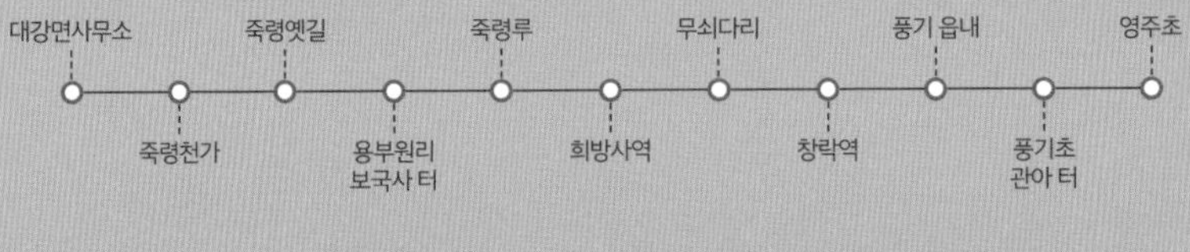

다자구 할머니 이야기

육백 리 귀향길 일곱째 날 저녁, 국립중앙도서관 고문헌과 봉성기 연구관이 합류하여 일행이 다섯으로 늘었다. 그리고 다음 날 일정의 오전은 대재[竹嶺, 689m]를 넘는 것인데, 지팡이에 의지해 길을 걸어가야 하는 이태호 교수의 상황은 호전되질 않았다. 잠시 논의 끝에 이태호 교수는 차량으로 지난밤에 도착하여 사진 촬영을 못한 단성면 소재지 벽화 마을의 벽화들과 단성향교를 답사한 후 대재 정상에서 만나기로 했다.

여덟째 날 아침, 네 명이 대강면사무소 앞 삼거리에 섰다. 이제부터

단양 대강면사무소 앞 거리

대강면사무소

단양 죽령천변 죽령옛길

세 시간 정도에 걸쳐 단양군 방향의 죽령옛길을 오르기 위해서다. 도로명주소가 시행되기 전, 대강면소재지의 행정 마을 이름은 장림리다. 조선시대 이곳에 있었던 장림역(長林驛) 때문에 생긴 이름인데, 퇴계 선생이 이곳을 지나며 맏손자 이안도(1541~1584)에게 편지를 보냈던 곳이기도 하다. 아마 퇴계 선생이 장림역 관사에서 하룻밤을 묵은 것 같다.

삼거리에서 4차선 단양로의 인도를 따라 죽령천가를 걷는다. 장림사거리를 지나 나무판자를 깐 죽령옛길을 잠시 걷고 대강면사무소 동쪽 입구인 삼거리에 이른다. 거기에서 북쪽을 살짝 돌아보면 귀엽고 정다운 캐릭터의 다자구 할머니 표지판이 대강면소재지 입구 위를 동서로 크고 길게 걸쳐 있다. 보면 볼수록 정말 귀엽고 정다운 할머니의 캐릭터다. 죽령옛길의 도적 떼를 소탕하는 데 혁혁한 공을 세운 '다자구 할머니 이야기'의 주인공인데, 어린이 동화책으로도 만들어져 꽤 알려져 있다.

나는 이곳을 지나기 전까지 다자구 할머니 이야기를 몰랐다. 그래서

다자구 할머니 안내표지판

이 길을 걸어갈 사람 중에 아직도 모르는 이가 더 많을 것 같아 백과사전에 기록된 이야기를 잠깐 소개한다.

죽령 일대에는 도적 떼 소굴이 곳곳에 있어 지나가는 행인을 상대로 도적질하고 심지어는 공납물조차 노략질을 당하는 일도 있어서 단양군수가 곤경에 처했다. 그때 한 할머니가 나타나서 도둑을 잡을 수 있는 묘안이 있으니 인근 군에서 군사들을 지원받아 도적 떼를 한꺼번에 잡을 수 있도록 해 달라고 단양군수에게 청하였다. 단양군수가 할머니의 말에 따라 가까운 풍기, 영춘, 청풍의 수령에게 도움을 청하여 군사를 지원받아 매복시켰다. 할머니가 '다자구야!' 외치면 도적 떼가 잠을 자고 있는 신호요, '들자구야!' 외치면 도적 떼가 자지 않고 있으니 기다리라는 신호로 알라는 묘책을 내놓고는 도적 소굴 근처에서 "다자구야, 들자구야!" 하며 외치고 다녔다.

도적 떼가 웬 소리냐고 묻자 할머니가 말하기를 "나에게 아들이 둘이 있는데 큰아이는 다자구요 작은아들은 들자구인데, 작은아들이 집을 나가서 돌아오지 않아 찾아다닌다."라고 하니, 도적들이 의심하지 않고 도적 소굴에 같이 머물게 하였다. 어느 날 두목의 생일을 맞아 밤이 깊도록 술을 마신 도적들이 취해서 곤히 잠들자 할머니는 "다자구야!" 하고 외쳤고, 매복해 있던 군사들이 한순간에 도적 떼를 잡았다. 한편, 궁중에서는 이 소식을 듣고 보상하고자 할머니를 찾았지만 결국 못 찾았다. 어느 날 임금의 꿈에 할머니가 나타나 연을 띄워 연이 떨어진 곳이 내가 자리 잡을 곳이라고 알려 준다. 그곳이 지금의 죽령산신당 자리이다. 그 후 다자구 할머니는 신으로서 영험함을 보이고, 점차 지역민들은 신앙 대상인 죽령산신으로 모시게 되었다.

험한 고갯길의 도적 떼 이야기는 전국의 크거나 중요한 고개에서 자주 등장하는 설화이고, 다자구 할머니의 이야기도 그런 사례 중의 하나다. 하지만 죽령옛길에 도적 떼가 많았을 것이라 착각하지는 말자. 혼란기에 간혹 있을 수는 있지만 죽령옛길을 넘어가는 사람들을 수시로 습격하는 그런 도적 떼는 있지 않았다. 만약 수시로 있었다면 그게 나란가.

조선은 죽령옛길에 도적 떼가 그렇게 수시로 출몰해도 제대로 대처하지 못할 정도로 치안이 엉망이었던 나라가 아니었다. 이는 고려도, 통일신라도, 고구려·백제·신라도, 고조선도 마찬가지였다. 우리나라만 그랬겠는가. 다른 나라, 다른 문명권도 마찬가지였다. 극히 일부의 시기를 제외하면 죽령옛길을 넘나들던 사람들은 도적 떼를 걱정하지 않고 안전하게 오고 갔다. 육백 리 귀향길을 걸어가는 사람들만이라도 설화는 설화로만 이해해야지 역사적 사실로 굳게 믿으며 가지 않기를 바란다.

진짜 옛길의 복원을 살짝 기대해본다

단양군 죽령옛길의 2/3 정도는 퇴계 선생이 말을 타고 가던 진짜 옛길이 아니다. 단양군에서 대재를 걸어서 오르고자 하는 사람들을 위해 풍경이 좋고 안전한 코스를 새로 개발하여 만든 것이다.

대강면사무소 앞 삼거리부터 농공2교까지는 진짜 옛길과 죽령옛길이 같다. 하지만 농공2교 넘어서부터 달라지는데, 진짜 옛길은 죽령천의 북쪽을 따라, 죽령옛길은 남쪽을 따라 나란히 간다. 이 구간은 전체의 1/3 정도인데, 진짜 옛길과 죽령옛길이 가까이서 나란히 따라가니 별문제는 되지 않는다. 문제는 음지말(새터)에서 진짜 옛길과 죽령옛길이 20m 정도 살짝 겹쳤다가 한동안 꽤 멀리 이별하는 구간이다.

진짜 옛길은 음지말 죽령천의 북쪽에서 텃골[基洞]과 매바위[鷹巖] 마을을 빙 돌아서 가고, 죽령옛길은 음지말에서 죽령천 계곡을 따라간다. 두 길이 만나 겹치는 것은 죽령폭포를 지나고 나서부터다. 진짜 옛길과 죽령옛길이 한동안 멀리 이별한 이유는 음지말과 텃골 사이에서 신작로, 중앙선철도, 중앙고속도로가 복잡하게 얽히면서 진짜 옛길이 끊어지고 말았기 때문이다.

트레킹만을 즐기는 사람이라면 단양군에서 새로 만든 죽령옛길이

대강면 농공2교 부근

길 왼편에 죽령산신당 입구가 있다.

다자구 할머니 제사를 지내는 죽령산신당

진짜 옛길보다 더 좋을 것 같다. 죽령천의 계곡을 따라 걸어서 올라가는 정취가 너무나 괜찮기 때문이다. 그럼에도 육백 리 귀향길이 역사의 길로 거듭나길 바라는 사람으로서 진짜 옛길이 언젠가는 복원되길 살짝 기대해본다. 단양군에서 진짜 옛길의 상징으로 삼고 있는 '다자구 할머니' 이야기의 현장인 죽령산신당이 텃골 아래쪽 야산에 있는데, 죽령옛길에서 너무 멀리 떨어져 따로 답사를 가지 않는 한 이 길을 걷는 이 누구도 가볼 수가 없다.

모름지기 역사의 길에는 오랜 세월 그 길을 오가던 사람들의 이야기가 길가 곳곳에 배어 있으면 그게 최고다. 대강면소재지에는 '다자구 할머니'의 캐릭터가 입구 위에 거창하게 걸쳐 있고, 경상도 쪽의 죽령옛길에서도 '다자구 할머니' 이야기의 안내표지판을 여러 차례 만날 수 있다. 그런데 산신령이 된 '다자구 할머니'에게 제사 지내는 죽령 산신당을 죽령옛길 어디에서도 만날 수가 없다. 단순한 트레킹 코스를 넘어 역사의 길로 거듭나기 위해서는 죽령 산신당을 지나가는 진짜 옛길이 복원되면 좋겠다는 생각이다.

물론 단양군에서 많은 예산을 들여 만들고 지속적으로 관리하고 있는 지금의 죽령옛길만으로도 충분히 감사하고 좋다. 이 길이 아니었다면 단양군 쪽에서 대재를 걸어서 넘어갈 생각을 하기가 힘들었을 것이다. 그래도 육백 리 귀향길을 다섯 번째 걸어가는 사람으로서 살짝, 진짜 살짝 진짜 옛길의 복원을 바라는 마음이 있다. 만약 그 바람이 이루어진다면 단양에서 대재를 오르는 사람들에게 선택권을 주게 되니 그 또한 나쁘지 않으리라.

죽령천 길가 도랑의 추억

대강면소재지 입구 삼거리를 뒤로하고 농공교 다리를 지나면 '죽령옛길' 표지판이 보이기 시작한다. 농공2교에서 다리를 건너자마자 죽령천변을 바짝 따라가는 길로 내려가는데, 사람 하나가 지나갈 수 있는 산책 길이다. 돌과 돌 사이를 돌아 흐르는 냇가의 물소리가 제법 크다. 버드나무와 잡초와 들꽃이 길가 곳곳에 어우러져 있지만 물소리에 묻혀 눈에 잘 들어오지 않는다.

중앙고속도로의 고가 밑을 지나 잠시 논밭 사이의 시멘트 길을 지난다. 특별히 단장을 하지 않은 전형적인 시골길이다. 길가를 따라 도랑이 이어지는데, 위쪽의 죽령천에 둑을 쌓아 물을 가두고는 이 도랑을 따라 물을 흘려보내 아래쪽의 논밭에 물을 대는 관개농업 용수로다. 중고등학교 국사 시간에 배웠던 것을 떠올려 보면, 봄철 논에 물을 대기 위해 냇가에 둑을 만들어 물을 가두었다는 천방(川防)의 관개농업 방식이 바로 이런 것이다.

우리나라 고대에는 김제의 벽골제, 밀양의 수산제, 제천의 의림지처

죽령옛길 보

죽령옛길 도랑

럼 거대한 저수지를 만들어 운영했다. 저수지의 물을 도랑으로 흘려보내 아래쪽의 논에 물을 대주는 방식인데, 문제는 홍수 때 엄청나게 쏟아져 들어와 쌓이는 자갈과 모래를 주기적으로 파내야 저수지로서의 기능을 유지할 수 있었다. 그것을 한자로 '깊게 물 밑을 쳐내준다'는 의미의 준설(浚渫)이라고 했는데, 준설 작업에는 엄청난 인력을 동원해야 했다.

고려 말 조선 초에 이르러 인력 동원의 한계에 부딪혔고, 의림지를 제외한 모든 저수지는 물을 빼고 모두 논으로 만들었다. 대신 봄철 산간 계곡의 하천에 천방을 설치하여 물을 가두고는 도랑으로 흘려보내 아래쪽의 논에 물을 대는 새로운 관개농업 방식의 개발에 주력했다. 산이 많은 우리나라의 지형에서는 힘을 덜 들이고 효과를 높일 수 있는 최선의 방식이어서, 산이 있는 우리나라 전국 방방곡곡 어디에서나 흔하게 볼 수 있었다.

이 도랑에는 세 번째로 걸어갈 때의 추억이 있다. 그때가 6월의 초여름이었는데, 낮에는 벌써 더위가 한창이었다. 햇빛을 어떻게든 차단

맑은 물이 세차게 흐르는 죽령천

하기 위해 우산을 받치고 걸었지만 얼굴에선 땀이 꽤나 흘러내렸다. 길가 바로 옆의 죽령천에는 맑고 풍부한 물이 세차게 흐르고 있었는데도 그 물에 얼굴을 씻고 발을 담그기가 쉽지 않았다. 왜냐하면, 냇가의 잡목들이 우거져 물가로 다가가는 것을 철저하리만치 강하게 막고 있었기 때문이다. 그렇게 아쉬움을 담고 걷다가 이 도랑을 만났다. 얼마나 반가웠는지 모른다.

도랑이 좁으니 양말을 벗고 바지를 걷어 올리고는 앉아서 발을 푹 담갔다. 물이 세차고 양도 풍부하니 정말 시원하더라. 곧바로 머리를 물속에 담갔다가 올렸다. 머리에서 물이 뚝뚝 떨어져 옷을 적셨지만 너무 시원해 전혀 신경도 쓰이지 않았다. 초봄에 걸어간다면, 늦가을에 걸어간다면 도저히 맛볼 수 없는 시원함의 추억이다.

초여름에 걸어가는 것이 힘들기는 했지만 그때만의 진한 맛을 경험할 수 있으니 그 또한 나쁘지 않더라. 언젠가는 가장 덥다는 여름휴가

죽령옛길 음지마을 입구

때 육백 리 귀향길을 걸어가 보고 싶다. 엄청 힘들겠지만 옛날 사람들은 한여름에도 길 가는 것을 멈추지 않았을 테니 역사를 체험할 겸해서 걸어가 보고 싶은 마음이 있다.

도랑을 지나면 앞쪽으로 음지말의 큰 느티나무가 보인다. 그 아래 용부원교회의 십자가가 또렷하고, 한지역사전시관의 모습이 눈에 두드러진다. 전시관이 닫혀 있어 다들 코로나19 때문이라 생각했다. 외향적인 김 사장님이 마을 주민에게 달려가 알아보니 운영자가 지원금만 챙긴 후 사라졌기 때문이란다. 지나가다 들은 이야기니 사실이라 단정 지을 수는 없지만 그래도 듣고 나니 마음은 씁쓸하더라.

마을 전체가 남쪽으로 높은 산을 등진 음지쪽에 있어서 음지말[陰地村]이라 불렀다. 음지말이 있으니 양지말[陽地村]도 있을 법한데, 중앙고속도로 맞은편에 북쪽으로 높은 산을 등지고 들어선 마을의 이름이 양지말이다. 음지말은 새터[新基]라고도 불렀다. 아마도 양지말이 먼저 생

음지말 한지역사전시관

기고 음지말이 나중에 생겼기 때문이 아닌가 조심스레 추정해본다. 특이할 것 없는 시골 마을인데, 육백 리 귀향길에서 이런 마을을 아직 많이 만나지 못하여 평범하지만 반갑고 기억에 남는 마을이다.

길가에서 만난 예쁜 꽃들

물소리길

음지말에서 다리를 건너 겨우 20m 정도 진짜 옛길과 합해졌다가 곧 바로 단양군에서 만들어놓은 죽령옛길이 다시 나온다. 경사 급한 산기슭에 바짝 붙어 만들어놓은 길이라 큰 바위를 돌아 흘러내리는 죽령천 변만 따라간다. 곧이어 음지말이 완전히 사라지고 그 끝에 상당히 멋진 구름다리가 우리를 기다린다.

철제로 만든 구름다리라 흔들림은 거의 없다. 쿵쿵 뛰어야 약간 흔들린다. 아래쪽으로는 바위에서 떨어지는 작은 폭포 밑의 깊은 소(沼)이고, 시멘트 둑이 죽령천을 가로막고 있다. 그 시멘트 둑의 한쪽 끝에 도랑 입구가 있는데, 음지말 아래쪽에서 보았던 그 도랑의 출발점이다. 잘 사용하지 않아서 그런지 도랑에 돌과 모래가 꽤 쌓여 있고, 시멘트 둑 안쪽의 소도 자갈과 모래가 쌓여 상당히 작아졌다. 농업이 부차적인 산업으로 변한 선진국 대한민국의 모습이 그 소와 도랑에 담겨 있다.

구름다리를 건너면 숲길이 본격적으로 시작된다. 사람이 많이 다니지 않아서 길 가운데에 키 큰 잡초들이 멍석을 뚫고 군데군데 나왔지만

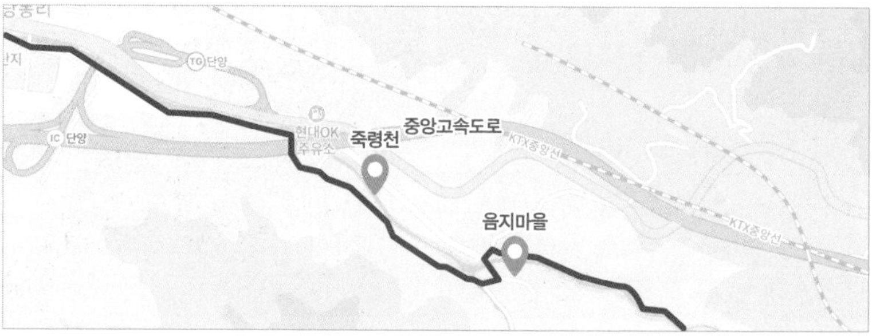

죽령옛길 음지마을 부근

죽령옛고개마을 구름다리

걷는 데는 아무런 지장이 없다. 길가엔 손에 닿을 듯 들꽃 천지다. 얼마 걷지 않아 진짜 산속의 숲길이다. 나무가 우거져 잡초도 들꽃도 드문드문하다. 급경사의 오르막길에는 나무판자로 계단을 잘 만들어놓았고, 벼랑길도 나무판자 길이다.

새들이 숲속을 날아다니며, 여기저기서 날개를 파닥이고 울어댄다. 무성한 나뭇잎에는 부딪히는 바람 소리 가득하다. 하지만 귀 기울여 듣지 않으면 새소리도 바람 소리도 모두 죽령천의 거친 물소리에 묻힌다. 양평군에는 남한강가를 따라가는 예쁜 물소리길이 있었지만 물소리는 들리지 않았다. 단양군의 죽령옛길은 숲길이지만 물소리만 있는 진정한 물소리길이다. 죽령옛길 곳곳엔 쉬어갈 고마운 벤치가 마련되어 있다.

세 번째로 죽령옛길을 오르며 어느 벤치에선가 쉬고 있을 때 5~6m 거리의 큰 바위 뒤편에서 멧돼지 가족이 살짝 보였다. 내 삶에서 처음

보는 야생 멧돼지였다. 호기심에 일어나 바위 뒤편을 살짝 보았는데, 심장이 멎는 줄 알았다. 새끼 두세 마리를 거느린 어미 멧돼지가 그렇게 큰 줄 몰랐다. 영화에서 보던 괴물 멧돼지의 모습 그대로였다. 순간 '어떻게 하지?' 판단을 하려는 찰라 멧돼지 가족이 나를 알아차리고는 숲속 산길을 후다닥 오르며 도망갔다.

극단적으로 코너에 몰린 상황이 아니라면 멧돼지는 사람을 공격하지 않는다는, 사람이 멧돼지를 무서워하는 것보다 멧돼지가 사람을 더 무서워한다는 당연한 지식을 실제로 체험하는 순간이었다. 떠돌아다니는 소문으로 듣게 되는, 멧돼지를 만나면 이렇게 저렇게 하라는 이야기는 다 무시하는 게 맞더라. 너무 자신에 차서 멧돼지를 공격하는 일만 벌이지 않는다면 사람을 더 무서워하는 멧돼지는 사람의 존재를 알아차리는 순간 도망간다. 그게 멧돼지가 어렸을 때부터 살아남기 위해

오솔길

위에서 바라본 죽령폭포

어미에게서 배운 체험적 본능이다. 멧돼지를 만나면 겁먹지 마라. 그렇다고 장난치지도 마라.

한참 동안 숲길만 걸었는데, 죽령천 너머로 중앙선 철로와 코레일 경북북부지사의 건물이 보인다. 그리고 그 옆에 죽령폭포가 있다. 네 번째 걸어갈 때까지만 하더라도 만들어져 있지 않던 죽령폭포 전망대로 내려가는 계단이 이번에 가니까 새로 만들어져 있더라. 꽤 내려가야 하기에 나는 굳이 내려가지 않았는데, 오늘 처음 합류한 봉 연구관님은 힘이 남아돌아서 그러시는지 후다닥 내려갔다 올라왔다.

곧바로 죽령폭포 뒤쪽의 죽령천을 건너가는 다리다. 절벽의 좁은 사이로 몇 단에 걸쳐 쏟아져 내리는 죽령폭포의 거친 물줄기가 너무나 잘 보인다. 엄청나게 멋진 폭포는 아니지만 위에서 바라보는 그 위용은 결코 약하지 않더라.

우리나라에서 가장 아름다운 마을, 샛골

죽령폭포 위의 다리를 건너가면 음지마을에서 잠시 만났다가 헤어졌던, 퇴계 선생이 말을 타고 오르던 진짜 옛길과 만난다. 울퉁불퉁한 바위 위를 지나는 위험한 길도 곳곳에 있는데, 지금은 나무판자를 까는 등 여러 조치를 취했다. 그럴 때마다 길 위의 바위를 자세히 보면 재밌는 것을 발견한다. 바위 면이 반들반들하다. 문경새재에서도 반들반들한 바위를 보았다. 2천 년 동안 사람들이 그 바위를 밟고 넘어 다닌 흔적이다. 단양군에서 새로 만든 죽령옛길에서는 볼 수 없는 우리의 소중한 문화유산이다.

죽령천가를 따라가는 진짜 옛길을 400m쯤 걸어가면 아스팔트로 포

사과꽃이 한창인 죽령오름의 사과밭

장된 시골길이 나온다. 이 길 또한 옛길인데, 왼쪽으로 꺾어 올라 돌아가면 갑자기 밭이 나타난다. 그리고 조금만 더 가면 사과밭 풍경이 펼쳐진다. 비록 마즈막재 계곡에 비해서는 아주 작지만 산속에 있어 온통 사과밭으로 보이는 건 마찬가지다. 충주에 이어 마침 사과밭에는 4월의 사과꽃이 한창이고, 간간히 자란 복사꽃이 만개해 화사하게 어울린다. 가을철에 걸어갈 때는 길가에서 손을 뻗으면 닿을 듯 붉디붉은 사과가 주렁주렁 달려 있었다.

사과밭 사이를 지나 길이 급격히 굽어 도는데, 길가에서 2013년 1월 11일 '한국에서 가장 아름다운 마을'로 선정되었다는 안내표지판을 만날 수 있다. 마을 이름은 '죽령옛고개마을'이라고 되어 있다. 하지만 이 마을의 원래 이름은 억새 따위를 가리키는 새란 풀이 많아 부른 샛골[召也里]이다. 일제강점기 음지말, 양지말, 텃골, 매바위, 샛골을 함께 묶어 용부원리로 편제했다가 나중에 나누어지면서 용부원2리가 되었다. 지금은 샛골이란 옛 이름은 사라지고 용부원2리 마을회관의 이름이 길 가는 나그네들의 눈에 들어온다.

나는 마을의 모습만 보면 이 마을이 왜 '한국에서 가장 아름다운 마을'로 선정되었는지 그 이유를 알지 못하겠다. 아무리 봐도 마을의 모

습이 특별히 아름답게 보이지도 않고, 그렇다고 마을 주변을 감싸는 소백산 풍경이 특별히 아름다운 것도 아니다. 하지만 2시간 이상 숲길을 걸어오르다 산 중턱의 마을을 갑자기 만나면 특별히 아름답게 보인다. 마을회관에 앉아 지나가는 나그네를 쳐다보며, '왜 걸어가느냐?'고 묻는 할머니들의 목소리는 듣는 것만으로도 정겹고 순박하다. 이 정겨움과 순박함이 특별히 아름답게 보였는지도 모르겠다.

벽화마을을 들러 뒤늦게 이곳 용부원 3리를 둘러본 이태호 교수가 탄성을 올린다. 마을 언덕에서 건너편 산세를 보니 여근곡이라고 한

복사꽃

죽령옛고개마을 매바위 표지판

용부원 3리 남근석형 선돌

마을 건너편 여근곡

다. 그리고 이에 맞춤으로 마을 언덕에는 남근석 형태의 선돌을 발견한 것이다.

'죽령옛고개마을' 표지판 옆에는 마을의 유래가 적혀 있는 표지판이 하나 더 있다. 그런데 내용이 틀린 몇 곳이 보인다. 먼저 용부원이 마치 이 마을에 있었던 것으로 오해할 수 있는 문구가 있는데, 용부원은 더 아래쪽의 텃골[基洞]에 있었다.

'옛날 어느 고승이 고개를 넘는데 하도 힘들어서 짚고 가던 지팡이를 꽂은 것이 살았다고 하여 대재라고도 불린다.'는 문구도 잘못된 것이다. 퇴계 선생이 이 고개를 넘을 때도 누구나 '대재'라고 불렀다. 다만 한자 표기로 대 竹(죽) 자와 재 嶺(령) 자를 써서 竹嶺(죽령)이라 표기한 것을 지금의 사람들이 한자 소리로 읽어 '죽령'이라 부르고 있다.

어느 고승이 짚고 가던 지팡이 설화도 설화로만 이해해야 한다. 《삼국사기》에는 아달라이사금 5년(158)에 竹嶺(죽령)을 열었다고 기록되어 있다. 어느 고승이 지팡이를 꽂아놓기 훨씬 이전부터 대재라 부르고 한자로는 竹嶺(죽령)이라 표기했던 것이니, 어느 고승의 설화는 그 이후에 만들어진 것이다. 여기서 '대재를 열었다'는 표현도 대재의 고갯길이 처음 만들어졌다는 의미가 아니라 그 이전부터 있던 대재의 고갯길을 신라가 장악했다는 의미다. 대재의 고갯길은 신라란 나라가 만들어지기 전인 고조선시대에도 사람들이 넘나다녔고, 다들 대재라고 불렀다.

대재에서 '대'의 뜻이 무엇인지는 오랜 시간 속에서 알 수 없게 되었다. 우리말 땅 이름의 유래는 우리가 생각하는 것보다 엄청 오래되었다. 때로는 수천 년, 때로는 천여 년, 때로는 수백 년 되었다. 근 백 년 사이에 한자의 소리로 읽는 우리의 오랜 습관 때문에 우리말 지명 상당수가 사라졌고, 지금도 사라져 가고 있다.

대재 정상에 올라

용부원 2리, 아니 샛골의 마을 한가운데를 구불구불 통과한 우리들은 500m쯤 걸어가다가 보국사지 석조여래입상 앞에서 발길을 멈춘다. 길가에서 약간 높은 곳에 목 잘린 석조여래입상이 보이는데, 안내문을 보면 통일신라시대 때의 작품이라고 한다.

삼국시대든 고려시대든 조선시대든 전국을 효율적으로 통치하기 위해 필수적으로 갖추고 관리해야 했던 것 중의 하나가 바로 도로망이다. 그렇다고 길을 인위적으로 닦고 수시로 보수하며 관리했다는 뜻은 아니다. 전통 시대에는 우리나라든 다른 나라든 고을과 고을, 도시와 도시를 잇는 길은 다 사람과 말이 끊임없이 다니면서 저절로 만들어지고 저절로 굳어지는 것이다. 도로망을 관리했다는 것은 역원 같은 것을 일정한 거리마다 설치하여 공무로 오가던 사람들이 묵거나 말을 갈아탈 수 있도록 운영했다는 의미다.

보국사 터에 있는 머리 잘린 불상, 석조여래입상

통일신라나 고려시대에도 당연히 역원을 설치하여 운영하였고, 그 대부분이 조선으로 이어졌다. 다만 숭유억불(崇儒抑佛) 정책을 폈던 조선과 달리 불교 국가였던 통일신라나 고려에서는 숙식을 제공하는 원의 시설을 사찰이 관리하게 했다는 차이가 있을 뿐이다. 대재의 고갯길에서 만나는 보국사터도 당연히 공무로 길 가는 사람들에게 숙식을 제공하는 원의 역할을 하던 사찰이었으리라.

표지판의 안내문을 읽지 않아도 보국사 터가 통일신라 때의 사찰이었음을 알 수 있는 두 가지 유물이 있다. 첫 번째 유물은 목 잘린 석조여래입상이다. 앞에 서서 조금만 관찰해보면 몸매, 옷이 흘러내리는 주름, 손가락 모두 신라에 영향을 미친, 당나라풍의 볼륨감 있는 조각 솜씨를 보여준다. 이렇게 당차고 섬세한 석조 불상은 거의 대부분 통일신라시대에 만들어졌다. 고려시대라면 다수의 석조 불상이 평면적이고 투박해졌다. 유교가 지배한 조선시대에는 서민적인 석조 민불이

산신당에 오르는 마을길

산신당

산신당 내부

나 돌장승 형태로 조성되었다.

보국사가 통일신라시대에 만들어진 사찰이라는 것을 알 수 있는 두 번째 유물은 석조여래입상 주위에 흩어져 있는 주춧돌이다. 조선 때 처음 만들어진 사찰이라면 꿈도 꾸기 어려운, 다듬은 주춧돌이 여기저기 보인다. 비록 엄청나게 잘 다듬은 주춧돌은 아니지만 대재의 고갯길 길가에 있는 별로 중요하지 않았던 사찰이라는 점을 고려하면 그래도 잘 다듬은 주춧돌이다.

보국사 터를 지난 길은 휘돌면서 가파르게 숲길을 오른다. 대재 정상에 거의 다 왔다고 너무 서둘러서 오르면 숨이 턱밑까지 차오르니 여유롭게 걷는 게 좋다. 그렇게 700m쯤 걸어가면 길옆에 산신당이 있다. 안내표지판을 보면 산신당이라고 하는데, 문을 열어보면 '竹嶺山之神(죽령산지신)'이란 위판이 모셔져 있다. 그런데 다자구 할머니 이야기의 죽령산신당은 텃골에 있어, 이 산신당이 원래부터 있던 것인지 아니면 텃골에 있는 죽령산신당을 죽령옛길을 걸어서 오가는 사람들에게 보여주려고 하나 더 만든 것인지는 잘 모르겠다.

경상북도 쪽 죽령의 길가 장승

죽령 정상 벚꽃과 목련꽃 옆 선남선녀 인형

산신당을 지난 육백 리 귀향길은 특산품을 파는 가게, 펜션 등의 사이를 통과하여 드디어 대재 정상에 오른다. 정상이 제법 평평하고, 큰 휴게소에 주차장도 넓다. 주차장 끝의 전망대에 오르면 3시간 가까이 올라온 단양의 죽령옛길이 숲속의 계곡에 완전히 숨었고, 저 멀리 충청북도의 웅장한 산세가 겹겹의 산과 산줄기로 이어진다.

경상도로 발길을 돌리니 '선비의 고장' 경상북도 영주시가 어서 오십사 인사한다. 선비의 고장을 내세우는 고을답게 옛 양반 선남선녀의 캐릭터 인형이 귀여운 웃음과 포즈로 우리를 맞이한다. 역시 글보다는 이미지가 더 반갑고 인상에 남는 듯하다. 우리는 지대가 높아 뒤늦게 벚꽃과 목련꽃이 만발한, 청풍 명월의 고장 충청북도 단양의 죽령옛길과 작별 인사를 하고 경상북도 영주의 땅으로 들어섰다.

바람 소리 새소리 가득한 길

대재 정상의 영주 땅은 단양 쪽보다 훨씬 좁지만 고갯길을 걸어서

영남제일관 누각

영남제일관 현판

오른 나그네에겐 추억 만들기가 더 좋더라. '영남관문죽령(嶺南關門竹嶺)'의 거대한 표지석 앞은 기념사진 촬영하기에 적당하고, 초가지붕의 죽령주막은 고갯길 힘들게 오른 다리를 쉬면서 파전에 막걸리 한잔 걸치며 오순도순 이야기 나누기에 편안하다. '영남제일관(嶺南第一關)'의 현판이 걸린 죽령루는 잠시 올라 영주시 풍기 땅을 전망하기에 막힘이 없다.

죽령루에서 바라본 경상도의 땅은 겹겹의 산과 산줄기만이 이어지던 충청도의 땅과는 다르더라. 풍기의 넓은 들판이 쭉 이어졌다. 그렇다고 전라도 너른 평야처럼 막힘이 없다는 건 아니다. 소백산(1,439m)에서 뻗어나간 산과 산줄기가 풍기의 너른 들판을 감싸고, 저 멀리 들판 끝으로도 산과 산줄기가 겹겹이 아득하다. 그 사이 어딘가에 육백리 귀향길의 도착지인 도산서원이 숨어 있을 텐데, 어디쯤인지는 가늠할 수가 없다.

충청도 단양 쪽의 죽령옛길은 2/3가 새로 만든 것인데 반해 경상도 영주 쪽은 전 구간이 죽령옛길 그대로 따라간다. 단양 쪽에 비해 경사

죽령에서 돌아본 4월의 충청북도

죽령루에서 바라본 경상북도 백두대간

가 급하고 길이가 훨씬 짧다. 그래서 일제강점기에 신작로가 죽령옛길을 완전히 벗어나 만들어졌고, 중앙선 철도와 중앙고속도로도 모두 땅속의 터널을 통과한다. 그래서 옛사람들이 걸어서 넘어 다니던 죽령옛길이 전혀 파괴되지 않고 그대로 남았다. 덕분에 지금 우리 일행은 퇴계 선생이 말을 타고 내려가시던 그 길을 따라 내려가고 있다.

죽령루의 계단에서 시작된 내리막길은 가파르다. 대재 정상에서 합류한 이태호 교수에겐 꽤나 힘든 길인데, 지팡이에 의지해 내려가는 와중에도 여기저기 사진 촬영에 여념이 없으시다. 고갯길의 경사가 약해지고, 낙엽송이 하늘을 찌를 듯 쭉쭉 뻗었다. 길가엔 주막 옛터의 돌담이 우리를 맞이하고, 산딸기와 산뽕나무를 곳곳에서 만난다.

세 번째로 이 길을 내려가던 6월 초여름, 약간 시큼하면서도 단 빨간 산딸기와 달다는 표현만으로는 부족한 엄청나게 단 산뽕나무의 검은 오디를 만났다. 둘 다 너무 신기하여 한 움큼 따가지고는 손 위에 올려놓고 사진을 찍어 지인들에게 6월 초여름의 선물이라며 자랑삼아 보냈

'영남제일관' 누각과 영남 산세

다. 하지만 내려가면서 '또 따 먹어야 돼?' 이런 혼잣말을 계속해야 했다. 죽령옛길의 길가에는 산딸기와 산뽕나무의 오디가 지천이었다.

영주시 쪽의 죽령옛길엔 물소리가 없다. 고갯길이 짧아서 미처 큰 물이 모여 흐르는 계곡이 형성되지 못해서다. 대신 나뭇잎에 부딪히는 바람 소리, 푸드득 날아다니며 조용히 울어대는 새소리가 살아 숨 쉰다. 사람 소리만 없다면 숲속 고요 속의 바람 소리 새소리로 가득한 고

산딸기

산뽕나무 오디

영주시 쪽 죽령옛길

갯길이다. 홀로 가면 바람 소리 새소리가 걷는 내내 친구가 되어주는 길이다. 여기서 올려보는 4월의 소백산은 아래쪽 연녹색들과 산 위의 갈색, 보라색조가 주를 이루며 변하는것 같다.

30분쯤 내려왔을까. 산속의 사과밭이 갑자기 나타난다. 단양의 죽령옛길 샛골에서도 사과밭을 갑자기 만났으니 특별할 건 없다. 하지만 아무리 그래도 갑자기 나타난 사과밭은 반갑고 즐겁더라. 게다가 이곳의 죽령옛길은 포장되지 않은 채 사과밭 한가운데를 통과하니, 그 느낌이 샛골에서 만난 사과밭과는 좀 다르다. 간간이 감나무와 복숭아나무가 섞여 있으니 그 또한 색다른 느낌이다.

사과밭을 지나면 경운기가 오갈 만한 숲속 포장길이 이어지고, 넓어진 계곡의 사과밭 사이를 한적하게 구불구불 돌고 돌아 엄청나게 높은 중앙고속도로의 고가 밑을 지난다. 곧이어 중앙선 철길이 보이고, 무쇠달마을의 희방사역이 우리를 기다린다. 역 앞에는 '행복마실', '함께 가시더', '소원성취' 각종 글씨를 새긴 장승이 가득하다.

감나무, 복숭아나무가 함께 있는 사과밭

희방사역 장승

무쇠달, 천여 년의 역사를 품다

희방사역엔 무쇠달다방이 있다. 여러 번 걸어갈 때마다 들어가 보고 싶은 마음이 있었지만 대재 정상에서 출발한 지 30분 정도밖에 되지 않아 들어가 보지 못했다. 그런데 여럿이 가니까 호기심도 있고 해서 들어가게 되더라.

젊은 여성 한 분이 운영하고 있었는데, 사장님인 줄 알았더니 마을 협동조합에서 운영하는 다방이라고 한다. 다방이라고 해서 옛날 다방은 아니고, 멋지고 세련된 카페라고 보면 된다. 아기자기하게 잘 꾸며 놓았고, 무쇠달마을의 옛 모습을 많이 볼 수 있다. 커피 한잔 마시며 직원분과 이 얘기 저 얘기 조심스레 나누는 것이 즐거웠고, 옛 간이역의 정취를 간직한 희방사역 안쪽도 볼 수 있었다. 앞으로 육백 리 귀향길을 걸어갈 분들은 시간과 돈을 아까워하지 마시고 한번 들어가 볼 것을 권하고 싶다.

무쇠달. 상당히 신기한 마을 이름이다. 도대체 무슨 뜻인가? 무쇠로

무쇠달 마을에서 본 소백산

만든 다리, 무쇠다리가 발음하기 편하게 변한 이름이더라. 한자로는 물 水(수) 자, 쇠 鐵(철) 자, 다리 橋(교) 자를 써서 水鐵橋(수철교)라고 기록했는데, 橋(교)를 빼고 水鐵里(수철리)라고 했다.

소백산 아래 희방사(喜方寺)와 무쇠달에 대한 전설이 안내표지판에 이렇게 적혀 있다.

신라 선덕여왕 12년(서기 643년), 태백산에서 수행하던 두운스님이 소백산으로 터를 옮겼다. 스님은 암자 하나 없는 산속 동굴에서 홀로 생활하며 도를 닦고 있었는데, 이 동굴에는 호랑이 한 마리가 찾아와 종종 스님의 벗이 되어주곤 하였다. 그러던 어느 날, 여느 때와는 달리 호랑이가 입을 벌린 채 몹시 괴로워하며 스님이 있는 동굴을 찾아왔다. 걱정하는 마음에 호랑이의 입속을 들여다본 두운스님은 깜짝 놀라지 않을 수 없었다. 다름 아닌 은비녀 하나가 호랑이 목에 걸려 있었던 것이다. 황급히 비녀를 빼내 호랑이를 구해준 두운스님으로부터 산중의 짐승들을 두고 사람을 해친 것에 대해 크게 꾸지람을 들은 호랑이는 자신을 살려준 스님에게 은혜를 갚

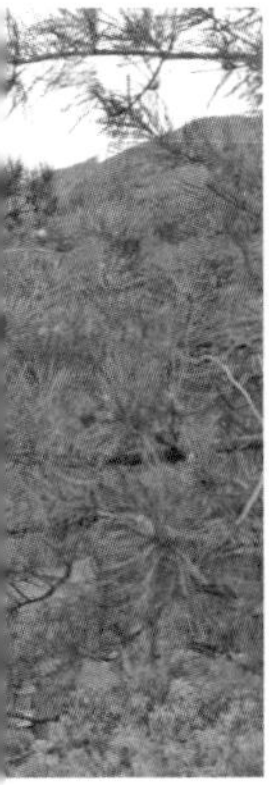

희방사역

무쇠달다방

을 요량으로 큰 멧돼지 한 마리를 물고 와 두운스님 앞에 내려놓았다. 그러나 이를 본 두운스님은 또다시 호랑이를 크게 나무랐다. 불도를 닦는 스님에게 멧돼지는 먹을 수 없는 음식이었던 것이다.

어두운 밤, 두운스님이 어떤 기척을 느껴 동굴 밖으로 나가보니 호랑이가 그 앞에 서 있었다. 호랑이는 어딘가로 스님을 이끌었다. 어스름한 달빛 아래 모습을 드러낸 것은 다름 아닌 정신을 잃고 쓰러져 있는 아리따운 젊은 여인이 아닌가! 어리석은 호랑이가 스님의 뜻도 모르고 또다시 은혜를 갚겠다며 사람을 해친 것이었다. 그러나 다행히 처녀는 아직 숨이 붙어 있었고, 놀란 스님은 황급히 처녀를 들처 업고 동굴로 들어왔다. 두운스님은 여러 날 동안 뜨거운 물을 끓여 먹이고, 약초를 달여 먹이는 등 극진히 처녀를 병간호하였고, 처녀는 이내 의식을 회복했다. 깨어난 처녀에게 스님이 어찌된 일인지 연유를 묻자, 자신은 경주 호장 유석의 무남독녀이며 혼례를 치르고 신방으로 향하던 밤에 갑자기 몸이 하늘로 들리더니 그 후로 의식을 잃었고, 정신을 차려보니 이곳이었다는 것이었다.

두운스님은 처녀가 기력을 회복한 뒤 경주로 데려갔다. 갑자기 사라진 하나밖에 없는 딸을 애타게 찾아 헤매던 부모에게 딸이 멀쩡히 살아 돌아왔으니, 경주 호장은 크게 기뻐하며 마을에 잔치를 열고 딸을 간병하여 무사히 경주까지 데려다준 두운스님에게 보답을 하고자 하였다. 두운스님은 이를 정중하게 거절하였으나, 스님이 편안하게 수행할 수 있도록 소백산 자락에 암자를 하나 짓고, 그 암자로 향하는 길의 개천에 무쇠다리를 놓아 주었다.

그렇게 만들어진 '무쇠다리'는 '무쇠달마을'이라는 마을의 이름으로 남아 있으며, 그때 지어진 절이 지금의 '희방사'다. 기쁠 희(喜)에 두운조사의 참선 방을 상징하는 방(方) 자를 쓴 희방사의 이름에는 하나밖에 없는 딸을 무사히 되찾은 아버지의 기쁜 마음이 서려 있다.

역사적 사실일 리 없지만 이야기의 구조가 꽤나 탄탄하고 흥미로워 보인다. 먼 길 가야 하니 전설의 주인공 희방사에 들를 수는 없지만 무쇠달의 현장은 볼 수 있다.

희방사역 앞 작은 공원에서 아래쪽으로 빙글 돌아가는 계단을 내려가면 희방사에서 시작된 맑은 계곡물이다. 마을 사이를 흘러내리는 시내는 그리 넓지 않지만 돌과 바위에 부딪힌 물소리가 제법 거칠고 크다. 마을 길은 시내를 따라 남쪽으로 꺾어지는데, 거기에 중앙선 철도 밑을 지나가는 터널이 있다. 터널이 길지 않아서 그런지 조명이 설치되어 있지 않은데, 그게 더 멋진 장면을 연출하더라.

터널 저쪽의 출구가 환한 빛으로 가득하다. 또 다른 세상으로 들어가는 통로 같다고나 할까. 온통 푸른 세상이 우리를 기다리는 것 같은 착각이 든다. 그렇게 터널을 지나면 왼쪽으로 큰 느티나무 아래에 작

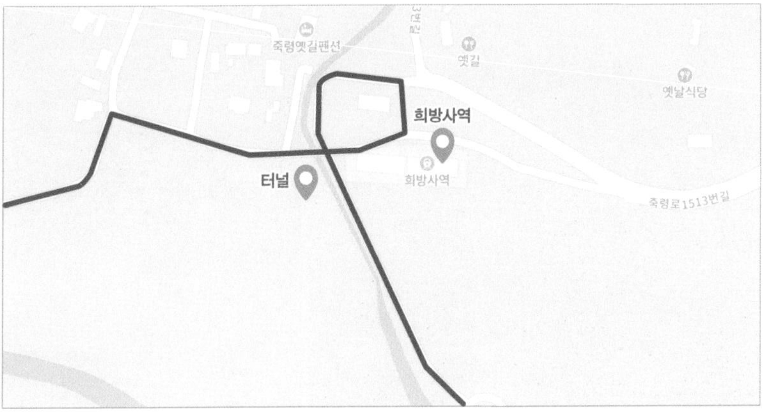

희방사역 부근

은 공원이 있다. 네 번이나 이 길을 걸어갔지만 먼 길 걷는데 마음이 바빠서 한 번도 주목하지 못한 느티나무다. 이번에는 그 느티나무가 눈에 들어왔다. 무쇠달다방에서 이 근처 어딘가에 무쇠달이 있다고 들어서다.

느티나무 아래에 큼지막한 '무쇠다리옛터' 표지석이 있다. 2000년 4월 무쇠다리옛터를 기념하기 위해 세운 것이다. 무쇠다리는 이미 사라진 지 오래되었고, 그 자리에 둑다리로 이어져 오다 중앙선 철도가 만들어지면서 그마저도 없어졌다. 이에 무쇠다리 옛터를 찾아 둑다리를 복원한 기념으로

또 다른 세상으로 들어가는 터널, 보라색 조명이 현란하다.

무쇠다리옛터 느티나무

복원한 둑다리

세운 표지석이다.

그러면 복원한 둑다리는 어디에 있지? 느티나무와 큼지막한 표지석만 보고 공원에 들어온지라 우리가 복원한 둑다리를 건너왔다는 사실을 인지하지 못했다. 뒤돌아 다시 찾아본 둑다리는 정말 작더라. 그러면 둑다리는 무슨 뜻이지? '독다리'가 변한 것이다. 그러면 독다리는 또 무슨 뜻이지? 전국적으로 돌다리를 독다리라고 부르는 사례는 엄청 많다. 우리가 지금 독도(獨島)라 부르는 섬의 우리말 이름이 독섬이었던 것도 같은 맥락이다. 독섬은 돌섬의 의미다. 복원된 둑다리는 군데군데 시멘트가 보이긴 하지만 기본적으로 돌로 만든 작은 다리다.

풍기 사과밭 평원 그리고 창락역 유적

무쇠다리, 아니 둑다리의 작은 공원을 나오면 잠시 벚나무길이다.

풍기 남원천변 사과밭

남원천에 버려진 사과들

그늘이 제법 큰 마을 길이다. 하지만 진짜 잠시고, 풍기초등학교까지 약 6km에 걸쳐 그늘 하나 찾기 어려운 육백 리 귀향길이 우리를 기다린다. 남원천변을 따라가기만 하면 되는데, 햇볕만 생각하면 고난의 길이어야 한다. 그런데 고난의 길로 느껴지지는 않는다. 사과밭 평원의 한가운데를 지나기 때문이다.

남원천 이쪽도 저쪽도 온통 사과밭이다. 가을날 이곳을 지날 때 남원천 곳곳에 버려진 사과들이 쌓여 물길이 막히지나 않을까 걱정할 정도였다. 버려졌다고는 하나 내 눈엔 멀쩡해 보이는 사과들이 많았다. 상품성이 없어 버려진 사과들이다. 사과 천지의 세상에선 상품성이 없으면 가차 없이 버려지는 법이다. 지금은 4월 봄철이다. 사과꽃이 사과밭 평원에 가득 피었다.

1km쯤 갔을까. 거대한 느티나무 한 그루가 있고, 그 아래 벤치가 있다. 육백 리 귀향길에서 많은 느티나무를 만나지만 아마 이 느티나무가 가장 클 것 같다. 수백 년 아니 천 년은 족히 저 자리에 저 느티나무는 계속 서 있었을 게다. 무쇠달다방에서 이미 충분히 쉬었기에 이

풍기 창락역 근처 느티나무 고목

번엔 그냥 지나치지만 두 번째에서 네 번째까지 홀로 걸어갈 때 저 느티나무 벤치는 나의 쉼터가 되어 주었다. 양말 벗고 앉아 물 한 모금 마시며 죽령옛길 내려온 피로를 풀었던 그곳, 오늘은 그냥 안녕하며 지나친다.

느티나무를 지나자마자 작은 공원 하나가 있다. 동쪽으로 5~600m 떨어져 있는 창락리 158번지 김진호 댁에서 출토된 창락역의 주춧돌과 각종 석물(石物), 찰방 안 씨의 선정비 등을 옮겨 작은 공원을 만들어놓은 것이다.

조선에서는 전국 방방곡곡의 길마다 수백 개의 역을 설치하여 관리했다. 그중에 종6품의 찰방(察訪)이란 벼슬아치를 파견하여 여러 역을 관리하는 역을 찰방역이라 불렀는데, 창락역도 그중의 하나였다. 종6품의 찰방은 고을에 파견된 종6품의 현감과 같은 급으로 결코 낮지 않은 관리다. 창락역을 비롯하여 모든 찰방역에는 찰방이 업무를 보는 동헌, 임금에게 충성을 맹서하는 객사, 각종 역리(驛吏)들이 근무하는 관아 건물이 있었다. 유적에는 창락역을 상징하는 청동 말과 돌 구유의 마굿간을 조성해놓았다.

눈여겨볼 것을 권하고 싶은 찰방역 유물이 있다. 이렇게 말하면 특이한 유물이 있을 것으로 여기는 사람이 대부분이겠지만 그렇진 않다.

창락역 상징물, 마굿간의 말 조각

창락역 유적지

창락역 유적지의 돌거북 모양 주춧돌

흰 사과꽃이 가득한 눈부신 사과밭

주춧돌의 특징을 잘 관찰하라는 의미다. 주춧돌이 모두 다듬어져 있다. 그렇다면 이 주춧돌은 조선시대에 만든 것이 아니다. 이미 충주의 충청감영에서 말했듯이 조선시대는 다듬는 것을 정말 싫어했다. 창락역의 주춧돌은 조선시대가 아니라 고려시대 쯤에 다듬어 만든 것이다.

전국 방방곡곡에 걸쳐 설치하여 운영했던 수백 개의 역은 조선이란 나라가 건국되면서 새로 만든 것이 아니다. 이미 고려시대에 운영되던 체계를 그대로 계승하면서 개성에서 천도한 서울을 중심으로 약간만 재편한 것이다. 그렇다면 고려는? 당연히 고려도 새로 만든 것이 아니다. 통일신라시대에 운영되던 체계를 그대로 계승하면서 새로운 수도 개성을 중심으로 재편한 것일 뿐이다. 창락역의 유물들은 조선의 찰방역이었던 창락역의 연원이 고려시대, 더 나아가 통일신라시대로까지 올라감을 잘 보여주는 역사 자료다.

창락역 유물 공원을 지나면 이제부턴 끝없이 펼쳐진 사과밭 평원의 한가운데를 흐르는 남원천변의 둑길을 계속 걸어간다. 여기서 뒤를 돌

4월의 사과밭과 소백산 준령

아보면 꽃이 만개한 4월의 사과밭과 소백산 뒤태가 갈색과 연두색이 어우러져 장관을 이룬다. 팍팍한 길에 눈호강을 시켜주는 풍경이 그렇게 전개된다.

원래 옛길은 중간 지점부터 남원천을 건너 들과 마을을 지나가다가 풍기 읍내 가까이서 다시 남원천을 건너 합류한다. 하지만 사람들이 많이 다니지 않게 되자 옛길이 많이 사라졌다. 다행히 옛길이 남원천변의 둑길과 나란히 따라가니 별 차이는 없다. 창락역 유물 공원으로부터 4km쯤 가면 중앙선 철도와 만나는데, 그곳에 속계교가 있다. 여기서부터 사과밭이 사라지고 논이 보이기 시작한다. 그렇다고 다른 길을 가는 건 아니고, 남원천변의 둑길을 계속 따라간다.

속계교

그렇게 2km쯤 더 가면 드디어

남원천에서 본 풍기 영주 산세

풍기 읍내 거리가 서서히 나타나고, 나무 그늘 하나 없던 길의 끝이 보인다. 남원천변의 4차선 찻길과 만나고, 우람한 벚나무가 줄줄이 서 있는 인도를 걷는다. 오랜만에 만나는 그늘이니 참 반갑다. 여기도 벚꽃이 한창일 때는 사람들로 인산인해를 이루었을 것 같다. 남원천변의 넓은 둔치에는 자전거길, 운동장, 각종 시설이 잘 만들어져 풍기읍 사람들의 삶을 풍요롭게 만들어주는 훌륭한 공원이 된다.

옛날에 특산물로서 '인삼'이라고 하면 개성, 강화와 함께 풍기였다. 지금은 인삼 재배지가 전국적으로 확산되어 풍기의 영향력이 옛날만큼은 되지 못한다. 하지만 부자가 망해도 삼 년은 간다고, 아직도 풍기의 최고 상징은 인삼이다. 벚나무 인도를 300m쯤 걸어가면 거대한 인삼 모형이 높은 인공폭포 위에 떡하니 서 있는 상징물을 만난다. 하도 거대하고 신기해서 인증 사진 찍기에 딱 좋은 곳이다. 김 사장은 인삼 조형물을 보고는 풍기에 왔으니 인삼을 사 가야 한다고 많이 흥분하

풍기 특산물인 인삼 상징물

풍기초등학교

신다.

거대한 인삼 상징물에서 왼쪽으로 꺾어 약 300m쯤 가면 사거리가 나오고, 거기에서 오른쪽으로 또 꺾어 횡단보도를 두 번 건너면 풍기초등학교다. 조선 최초의 서원은 풍기군수 주세붕이 1543년에 세운 백운동서원이다.

그 풍기 고을의 관아가 있던 곳이 바로 풍기초등학교다. 퇴계 선생은 백운동서원에 국가 공인의 현판을 내려서 국가의 지원을 공식적으로 받는 서원으로 격상시켜 줄 것을 요청하는 글을 올렸다. 1550년 퇴계 선생의 건의를 받아들인 명종이 소수서원(紹修書院)이란 현판을 내려서 조선 최초의 사액서원, 다시 말해 국가 공인 서원이 되었다.

풍기초등학교 주변

고난의 길 그리고 영주초등학교

풍기초등학교는 3층의 교사가 동서로 길게 반듯하고 초록색 인조잔디의 운동장이 꽤나 깔끔하다. 그리고 또 내 눈을 사로잡은 것이 있었으니 초등학교의 상징 도안에 잘생긴 인삼 두 뿌리가 위풍당당하게 들어가 있더라. 학교 이름이 새겨진 표지석과 교사 한가운데의 가장 높은 곳에서 위풍당당한 인삼 두 뿌리를 찾아보는 것도 숨은그림찾기 같은 소소한 재미가 있다.

이 학교의 교정에 풍기 고을의 동헌도, 객사도 있었다. 자 그럼, 충청감영에서처럼 운동장 끝에 서서 동서로 긴 3층의 교사를 바라보라. 뒤에는 뭐가 보이는가. 푸른 하늘밖에 없다. 그렇다면 풍기의 동헌과 객사는 언제 만들어진 것일까? 다시 충주의 충청감영에서 했던 이야기를 떠올려 보면 이제 답은 쉽다. 지방에서는 풍수가 전혀 힘을 발휘하지 못하던 고려시대에 만들어진 동헌과 객사다.

학교 오른쪽 구석에는 수령 700년의 거대한 은행나무가 있다. 2021년은 조선 건국 1392년으로부터 629년째 되는 해이니, 수령 700년은 조선 건국 이전부터 이 나무가 있었다는 의미다. 동헌과 객사 등 풍기의 관아가 풍수가 전혀 영향을 미치지 못하던 고려시대부터 있었음을

옛 풍기관아 터를 지키는 수령 750년의 거대한 은행나무

알려주는 소중한 증표다. 은행나무 앞에는 여기저기 흩어져 있던 풍기 군수의 선정비를 모아놓았다. 조선의 최초 서원인 소수서원을 창설한 주세붕(1541~1545년 근무)을 비롯해서 10여 명에 이른다. 글씨를 알아보기 어려운 선정비도 많다. 선정비(善政碑)의 뜻이 고을 사람들을 위해 좋은 일을 했을 때 세우는 비석이지만 실제로는 꼭 그렇지만은 않았다는 것을 우리는 잘 알고 있다.

희방사역으로부터 약 7km 두 시간 가까이 걸어왔으니 700년 동안 변함없던 은행나무 그늘에서 푹 쉬고 출발한다. 이제부터 약 10km에 걸쳐 남한강가 이포보에서 여주보까지 그늘 하나 없던 그 고난의 길을 또 걸어가야 한다. 이미 한 번 걸어봐서 나름대로 단련이 되었다고 생각할 수도 있으나 막상 걸어보면 경험은 전혀 소용이 없다. 고난의 길

풍기 군수들의 선정비

은 고난의 길일 뿐이다. 그러니 700년 된 그늘에서 푹 쉬며 마음을 단단히 다져야 한다.

풍기초등학교에서 첫 사거리가 나오면 거기서 오른쪽으로 꺾어 직진한다. 풍기 읍내를 벗어나 남원천 위의 남원대교를 건너면 곧바로 왼쪽으로 꺾어 남원천변의 둑길로 접어든다. 여기부터는 약 8km에 걸쳐 이 둑길을 계속 걸어가기만 하는데, 옛길은 남원천의 둑길과 나란히 따라가는 2차선의 신재로다. 하지만 차들이 많고 인도가 없어 위험하기 때문에 걷기에 안전한 남원천의 둑길이 육백 리 귀향길로 채택되었다.

이제 남원천변의 둑길에는 사과밭 풍경 같은 건 없다. 마을과 산이 저 멀리 떨어져 있고, 온통 논과 밭뿐인 허허벌판이다. 남원천의 둔치에는 넓은 물억새 군락이 있고, 물가에는 먹이를 찾아 어슬렁거리는 백로와 왜가리를 만나는 것도 어렵지 않다. 가을에 걸어가면 물 위를 떠다니는 철새도 꽤나 볼 수 있다.

남원천에서 돌아본 소백산 풍경

그래도 나름대로 낭만이 있을 것 같이 보는 사람이 있겠지만 이 모든 풍경이 나무 그늘 하나 없는 허허벌판의 풍경에 묻힌다. 게다가 걷는 사람도 자전거 타는 사람도 거의 없고, 쉼터 하나 조성되어 있지 않다. 이런 길을 4km쯤 가니 모두 지친 기색이 역력하다. 그때 구원자가 나타났으니 남원천변의 둑길에 유일하게 붙어 있는 마을인 안정면소재지다. 마트를 찾아들어 가서 물이든, 음료수든, 아이스크림이든 차가운 것을 하나씩 골라 마트 앞 그늘에 앉아 쉰다.

차가운 것을 먹었기에 기운이 조금 난다. 다시 출발하면 또 나무 그늘 하나 없는 둑길이고, 그렇게 4km쯤 걸어가면 식당과 공업사의 건물을 처음으로 만난다. 바로 이곳이 남원천변의 둑길과 인도가 있는 선재로가 가장 가까이 만나는 지점인데, 길고 길었던 고난의 끝이다. 이제부터 인도를 따라가기만 하면 된다.

일정이 늦어지면서 어둑어둑해지기 시작하지만 아직 오늘의 도착지까지 2.5km나 남았다. 선재로를 500m쯤 걸어가면 내가 본 사거리

풍기읍과 안정면 사이 남원천과 그늘 없는 둑길

중 가장 멋진 이름의 나무고개교차로다. 곧이어 나무고개를 넘고, 영주제일고등학교-영주여자중학교-영주서부초등학교를 차례대로 지나면 영주시내로 들어가는 길목의 서천교다. 풍기읍을 관통하여 흐르던 남원천이 죽계천과 합류하여 영주 시내에 이르면 영주 시내의 서쪽에 있다고 하여 서천이라 부른다. 그리고 그 위에 다리가 있어 서천교란 이름을 붙였다.

이제 마지막 1km만 남았다. 서천교 끝에서 횡단보도를 건너 직진하지 말고 동남쪽의 4차선 구성로를 따라간다. 그리고 중앙선 철교 밑을 지나 삼거리를 만나면 왼쪽으로 꺾어 광복로를 따라 500m쯤 가니 오늘의 도착지인 영주초등학교가 우리를 기다린다. 날이 어둑어둑하다 못해 캄캄하다. 저녁이 아니라 밤이다.

죽령옛길을 넘고 길고 길었던 허허벌판 고난의 길을 지나 어둠을 뚫고 도착한 영주초등학교의 독수리상 앞에 서니 육백 리 귀향길 8일 일

나무고개교차로 부근

영주초등학교 부근

정 중 감회가 가장 크다. 캄캄한 교정을 배경으로 지친 다섯 명이 인증 사진을 찍는다. 모두 엄청 지쳤던 것 같은데 찍힌 사진을 보니 얼굴은 모두 활짝 웃고 있다.

9

마을 길 굽이굽이 넘어 드디어 도산서원!

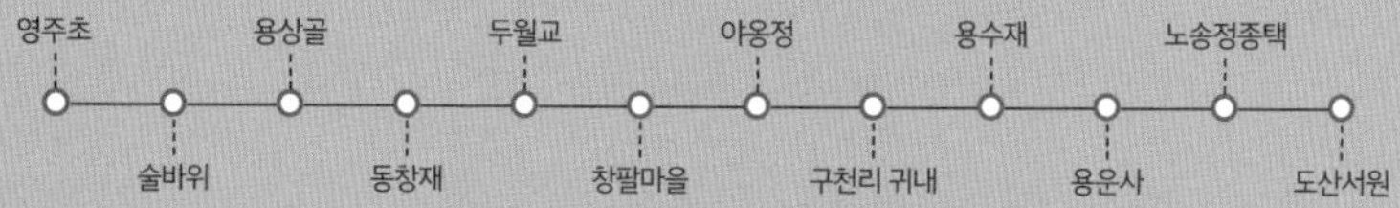

하늘과 산이 보이네

이제 아홉째 날 마지막 일정이다. 오늘은 마을 길을 굽이굽이 걸어가고 대재처럼 높지는 않지만 넘어야 할 고개가 여럿이다. 중간에 점심 식사를 할 식당도 만날 수 없는 시골길이니 점심도 미리 사서 싸 가야 한다. 총 거리도 34km쯤 되니 지금까지 걸어온 어떤 구간보다도 멀다. 그래서 다섯 사람은 평소보다 이른 아침 7시 반에 영주초등학교 앞에 섰다.

1914년의 행정구역 개편 때 영천군(榮川郡), 풍기군(豐基郡), 순흥군(順興郡) 세 고을을 합해 하나로 만들고는 대구 옆의 영천군(永川郡)과 구별하기 위해 영주군(榮州郡)이란 이름을 붙였다. 그러곤 옛 영천군의

철탄산 산줄기 아래 옛 영천군 객사 터인 영주초등학교

영주 용암교차로

영주 시내를 가로지르는 철길

동헌을 영주군의 군청으로 삼았는데, 지금은 영주초등학교 바로 옆의 영주시의회로 바뀌었다.

1911년 객사 자리에 영주공립보통학교가 개교하였고, 영주국민학교를 거쳐 지금은 영주초등학교가 되었다. 2011년에 세운 백주년 기념탑 앞에서 다섯 명이 나란히 기념사진을 찍었다.

영주초등학교 개교백주년 기념탑 앞에 선 다섯 사람

객사터인 영주초등학교 앞에 서서 교사를 바라보니 뒤쪽으로 하늘과 철탄산(276.4m)의 산줄기가 보인다. 동헌터인 영주시의회 앞에서는 예전에 가서 바라본 적이 있는데, 뒤쪽으로 하늘과 철탄산의 정상이 정확하게 일치했다. 이 풍경은 영천군의 동헌과 객사가 풍수의 명당 논리에 따라 터를 잡았다는 의미다.

영주 술바위로 가는 벚나무길

고려시대만 하더라도 영천군의 중심지는 영주 시내 서남쪽 서천가의 구성공원에 있었다. 구성(龜城)은 영천군의 옛 이름 중 하나로, 구성공원 낮은 언덕 위에 있는 성(城)의 이름이기도 하다. 구성에 오르면 영주 시내의 대부분이 한눈에 조망되는데, 풍수의 명당 논리와는 아무런 관련이 없다. 정확한 시기는 알 수 없지만 조선 초에 철탄산을 주산으로 좌청룡-우백호의 형세가 분명한 명당터로 고을의 중심지를 옮겨간 것이다.

영주 시내의 경계선에 술바위가 있더라

영주초등학교에서 남쪽으로 쭉 뻗은 번영로가 옛 영천군의 남북 간선도로였다. 지금도 번영로를 중심으로 영주한우숯불거리를 비롯하여 중심 상가와 전통 시장이 밀집되어 있다. 200m쯤 세 블록을 내려가면 영주시의 상징 조형물이 길 한가운데에 로터리처럼 만들어져 있는데, 여기서 왼쪽(동)으로 꺾어 가는 길이 옛길이다.

이제부터 약 1.5km를 직진하여 걸어간다. 영동선 철도를 지나 작은 언덕을 넘고, 영주청구하이츠아파트 앞의 용암교차로에서 횡단보도를 건넌다. 직진하면 이산골이며, 왼쪽이 울진 봉화이고, 오른쪽이 안동 가는 길이다. 오른쪽(남)으로 꺾어 하천가의 벚나무길을 약 500m쯤 내려가면 술바위교차로를 만나고, 거기에서 왼쪽(동)으로 꺾어 술바위교를 건너면 이름이 예쁜 바위 술바위[酒巖]가 있다. 술독 모양의 바위라서 붙은 이름이란다.

술바위에는 이런 전설이 전해지고 있다.

옛날 술바위에서는 위에서부터 아래로 술이 계속 흘러나왔다. 행인이나 나그네, 장사치 등 이곳을 지나는 누구라도 엽전 한 닢 없이 목을 축이고는 나무 그늘에서 낮잠을 한숨 푹 자고 쉬어 갔다. 다만 이 술을 먹을 때는 두 잔 이상을 마시면 절대로 안 된다는 사실이 신앙처럼 전해 내려오고 있었고 사람들도 그것을 잘 지켰다.

그런데 하루는 아랫마을에서 벌써 거나하게 취한 행인 한 사람이 이 금기를 어기고 연거푸 여러 잔을 마시고는 술타령을 하다가 죽고 말았다. 이런 일이 있고 난 뒤부터는 술이 나오지 않았다고 한다. 그러나 지금도 바위에는 술이 흘렀던 흔적이라 하여 흰 줄이 있는 것을 볼 수 있다.

바위에서 실제로 술이 흘러내렸을 리가 있겠는가. 표면에 밑으로 줄이 그어진 술독 모양의 바위에 빗대어 누군가가 교훈적이고 재미있는 이야기를 만들어 전해지는 것이리라. 이야기의 내용은 짧지만 구성과

술바위

술바위와 '경술10노암' 기념비

의미에 꽤 짜임새가 있다. 술바위 옆에는 지역에서 술을 즐긴 문사들의 계모임 전통이 지속된 모양이다. 1986년에 세운 '경술10노암(庚戌十老岩)' 이라는 열 사람의 이름을 새긴 기념비가 있다.

영주초등학교-술바위 부근

동창재를 넘으니 길이 끊어지다

술바위를 지나니 도로 확장공사가 한창이고, 영주동산고등학교 앞을 지나면 약 2.5km에 걸쳐 위험한 육백 리 귀향길 중의 한 구간이 시작된다. 왕복 2차선 도로에 인도가 없고, 오래된 도로라서 가장자리의 폭도 좁다. 하지만 너무 겁먹을 필요는 없다. 우리나라에서 가장 시골스러운 도로 중 하나라서 차량 통행이 별로 없다. 한 3~4분마다 차 한 대가 지나가는 정도이니 차량이 올 때 조심하면 된다. 여기서도 언젠가는 육백 리 귀향길이 유명해져서 안전한 인도가 만들어지길 간절히 기도해 본다.

영주동산고등학교 앞을 지난 육백 리 귀향길은 마을과 논밭, 산과 산을 완만하게 돌며 배해 입구의 사거리에 이른다. 표지판에는 왼쪽으로 배해, 오른쪽으로 용상 · 두월 그리고 직진으로는 박봉산 · 동창재가 적혀 있다. 왼쪽과 오른쪽은 2차선의 찻길이고, 직진은 시멘트 마을 길이다. 바로 이 시멘트 마을 길이 옛길인데, 예전에는 버스가 다니던 길

원천 녹전으로 가는 인도가 없는 도로

이었다고 한다. 빙 돌아가는 오른쪽의 찻길이 새로 만들어지면서 완전한 마을 길로 바뀌었다.

마을 길로 들어선 육백 리 귀향길은 곧바로 갈림길을 만나는데, 직진하지 말고 오른쪽으로 굽어서 간다. 이후 동창재가 시작될 때까지 갈림길을 만나면 무조건 직진이니 고민할 필요가 없다.

6월 초여름에 이 길을 갔을 때 검디검은 오디 천지였다. 요즘 마을 길도 모두 차를 타고 다니니 아무도 길가의 오디를 따 먹지 않는다. 길바닥이 우수수 떨어져 뭉개진 오디의 짙은 보랏빛으로 온통 물들었다. 이 구간의 육백 리 귀향길에서는 뽕나무가 길가에서 계속해서 나타나 오디를 하도 많이 따 먹어서 내 손과 내 입술까지 보랏빛으로 물들었다.

집 한 채 보기 힘든 그 길을 1km 이상 지나서야 마을 하나가 나타나는데, 용상골이다. 오랜만에 만나는 마을이니 반갑다. 마을 끝 골짜기엔 기와집 한옥이 여러 채다. 뭔가 있을 것 같아 가보고 싶은 마음이 들지만 갈 길이 머니 꾹 참는다. 나중에 찾아보니 단종 때 불사이군(不事

동창재 갈림길

동창재 밭길

동창재 팻말

동창재 지나 숲길 입구

二君)의 충절로 영주에 은거했던 휴계 전희철(1425~1521) 선생을 현조로 삼고 있는 옥천전씨 가문의 방산서원(方山書院), 칠성루(七星樓), 휴계재사(休溪齋舍)라고 한다.

휴계재사 앞쪽부터 고갯길이 시작된다. 엄청 험하지는 않지만 겨울철 이곳을 지날 때 꽤나 미끄러워 조심조심 올라갔던 기억이 난다. 곧 이어 갈림길이 나오는데, 왼쪽이 옛길이다. 도산서원 측 재현단의 사전 답사 때 오른쪽 길을 잘못 선택하여 엄청 빙 돌아서 갔다는 이야기를 들었다. 이제부터 시멘트 포장길이 끝나고, 흙길이 숲속을 지나 산비탈 긴 밭과 함께 따라간다. 옛날에 이 길로 어떻게 버스가 다녔는지 도대체 상상이 안 되는 길이다. 밭길이 끝나면 '여기는 동창재'란 반가운 표지판을 만난다.

옛날 영천군(榮川郡)의 동창(東倉)이 내성천가의 두달[斗月]이란 마을에 있었고, 그래서 영천군의 읍내와 두달을 연결하는 길가의 큰 고

용상리 휴계재

개 이름을 동창재라고 불렀다. 지금 그 동창재의 옛길 일부가 박봉산(389.2m) 등산로로 이용되고 있고, 고개 정상엔 표지판과 함께 작은 정자 쉼터가 있다. 영주초등학교에서 7km 한 시간 반 정도 걸어왔으니 한 번쯤 쉬어갈 만한 곳이다. 평범한 숲속에 있어 아주 멋지지는 않지만 동창재의 험한 내리막길을 고려하여 충분히 쉬고 간다.

이제부터 동창재의 내리막길이다. 안동 장씨 집안의 꽤나 심혈을 기울인 묘의 앞까지 100m 정도는 옛길을 따라 아무 문제없이 내려갈 수 있다. 그런데 이 묘를 지나면 경사가 심해지고, 옛길이 풀숲에 완전히 숨어버렸다. 어디가 길이었고, 어디가 산이었는지 분간하기가 쉽지 않다. 뱀이라도 나오면 위험하기에 긴 막대를 들고 탁탁 치면서 조심스레 내려간다.

천 년, 아니 이천 년 동안 사람들이 걷거나 말을 타고 다니던 길이었건만 우회도로가 생겨 사람이 다니지 않게 된 지 겨우 수십 년 만에 옛

동창재 부근

길을 찾기 어려울 정도로 황폐화되었다. 풀숲을 헤치고 겨우겨우 내려가지만 아래로 내려갈수록 옛길의 흔적을 찾기는 더 어렵다. 원래의 옛길은 계곡을 따라갔지만 차가 다니면서 산기슭을 도는 길이 하나 더 만들어졌다. 풀숲을 헤치고 내려가며 그 찻길을 겨우 찾았다.

2019년 4월의 행사 때는 도산서원 측에서 풀을 미리 깎아 놓아 그래도 걸을 만했다. 언젠가 육백 리 귀향길이 유명해져서 동창재의 옛길이 잘 정비되고 사람들이 수시로 넘나들며 먼 길 걷기의 추억을 멋지게 만들 수 있기를 간절히 기도해 본다. 겨울과 가을에 갈 때는 그래도 옛길의 흔적을 찾아 내려갈 수 있었는데, 봄철에 가니 온통 풀로 뒤덮여 걷기도 쉽지 않다.

그 와중에도 이태호 교수님은 보기 드문 야생의 각시붓꽃 천지라며 사진 찍기에 여념이 없으시더라. 충주관아에서 보았던 윤기난 각시붓꽃보다, 그야말로 수줍은 각시 표정들이 눈에 든다.

어렵사리 동창재 고갯길을 내려오면 2차선의 내림로를 만난다. 옛

동창재 옛길에서 만난 각시붓꽃

길은 내림로와 갈라져 내성천으로 향해 가는 2차선 도로다. 첫 번째로 이 길을 갈 때 나는 그 도로를 따라 끝까지 가봤다. 300m쯤 가면 내성천을 만나는데, 도로가 거기서 딱 끊어졌다. 동창재가 있던 두달마을이 바로 맞은편에 있었다. 지금은 두달마을의 모든 집이 옮겨갔고, 내성천 위에 있던 다리도 기둥만 남기고 거둬냈다. 영주댐이 건설되어 마을과 다리 모두 잠기게 된 것이다.

퇴계 선생은 말을 타고 동창재를 내려오자마자 기둥만 남은 저 다리 밑의 내성천 얕은 여울을 건넜으리라. 언젠가 육백 리 귀향길이 유명해지면 이곳에 걷기 전용 다리를 놓아 다시 퇴계 선생의 마지막 귀향길 여정을 여유롭게 따라갈 수 있으면 좋겠다.

물결무늬 느티나무 전망쉼터

다리가 끊어지고 물이 깊게 들어찼으니 아쉽지만 새롭게 만든 길로 돌아가는 수밖에 없다. 내림로를 만나 오른쪽(남)으로 꺾어 150m쯤 가면 옛 내림로와 새로 만든 내림로의 갈림길이다. 여기에서 옛 내림로로 들어서고 곧바로 만나는 시골집 남쪽의 마을 길로 꺾어서 빙 돌아 400m쯤 가면 새로 만든 2차선의 영봉로다.

영봉로는 '영주와 봉화를 연결하는 도로'라는 의미로 붙인 이름이다.

이제부터 약 1.5km에 걸쳐 오랜만에 찻길을 걷는다. 비록 인도는 없지만 새로 만든 길이라서 도로 가장자리의 폭이 상당히 넓다. 완전 시골길이라 잘해야 4~5분 간격으로 차 한 대가 지날 정도로 한산하다. 그래서 별로 위험하진 않은데, 아무리 그래도 언젠가 이곳에도 인도가 만들어지면 좋겠더라.

내성천 위의 두월교를 건넌다. 영주호에 물이 차기 시작하여 다리 북쪽 내성천가의 옛길이 서서히 잠겨가는 모습이 보인다. 다음번 이 두월교를 건널 때면 내성천가의 옛길은 완전히 호수에 잠겨 사라지리라. 아쉽지만 그래도 나는 물에 잠기기 전 내성천가의 옛길을 볼 수는 있었으니 기억 속에 담아 두고 두월교를 건널 때마다 꺼내보려 한다.

두월교를 건너면 '시르미'라는 마을 이름의 표지판이 큼지막하게 서 있다. 오른쪽(남)으로 꺾어 들어가면 만나는 마을의 이름인데, 마을 뒷산의 모습이 떡을 찌던 시루처럼 생겨서 부르던 '시루뫼'가 발음하기 좋게 변한 것이다. 육백 리 귀향길은 시르미 마을을 지나지 않지만 영주호가 생기면서 그 입구의 200년 된 느티나무 아래에 작은 전망대 쉼터

두월교와 내성천, 영주시 이산면

를 만들어놓았다. 신목인 느티나무 옆에는 단순한 조각의 두 남녀 나무장승이 수호신처럼 서 있고, 영주호를 바라보는 방향으로 2개의 벤치가 있다. 남장승은 나무뿌리 부분을 장승의 머리로 활용한 형태이다. 이태호 교수가 고목의 둥치 아래 여근과 남장승 아래 남근을 가리키며 에로티시즘과 관련된 상징물을 찾아내고는 함박웃음을 보이던 곳이기도 하다. 나무를 감싼 줄들과 오색천조각 장식을 보면 마을 동제가 지금도 지속되는 모양이다.

나중에 안 사실이 있다. 이 느티나무는 1982년 10월 26일에 마을 보호수로 지정되었지만 영주댐이 만들어지면서 물에 잠길 위험에 처했다. 이에 수자원공사에서는 이곳으로 옮기고는 작은 전망대 쉼터를 만들어놓았다. 물결무늬가 아름다운 느티나무로 알려져 있었는데, 미처 확인하지는 못했다. 다음번에 지나갈 때는 아름다운 물결무늬가 아직도 살아 숨 쉬고 있는지 확인해 봐야겠다. 아쉬운 건 쉼터의 이름이 없다는 건데, '물결무늬 느티나무 전망쉼터' 이런 이름을 지어주면 누구나 기억할 수 있지 않을까.

시르미마을 입구 전망터이자 쉼터. 동제신 느티나무 고목과 나무 장승

동제 흔적. 고목 여기저기에 매단 오색 천조각과 새끼줄

전망대 쉼터를 뒤로하고 두월2교차로를 지나면 삼거리슈퍼가 보인다. 영주 시내를 벗어나 도산서원에 도착하기까지 유일하게 만나는 길가의 슈퍼다. 식당도 겸하고 있기 때문에 식사도 할 수 있다. 하지만 오전 10시밖에 안 되어 식사를 하기에는 좀 그랬다.

산 넘고 물 건너 굽이굽이 봉화의 마을 길을 따라

삼거리슈퍼를 지나자마다 영봉로에서 벗어나 다리를 건너고 다시 꺾어서 작은 시내를 따라가는 마을 길을 걸어간다. 이 길이 옛길이다. 작은 시내를 따라 구불구불 돌아가는 흐름이 꽤나 부드럽다. 길 앞쪽으로는 영봉로를 따라 덕골[德谷]의 마을 집들이 쭉 이어지고, 주민들을 위한 정자 쉼터도 보인다. 그 끝에서 2차선의 천상로를 만나 오른쪽(남)으로 돌고, 30m쯤 가서 왼쪽(동)으로 꺾어 다시 마을 길로 들어선다.

이제부터 약 1.5km에 걸쳐 집 한두 채만 만나는 시골길을 걷기 시작한다. 아주 작은 고개를 두 개 넘고 골짜기 사이의 논밭을 따라 구불구

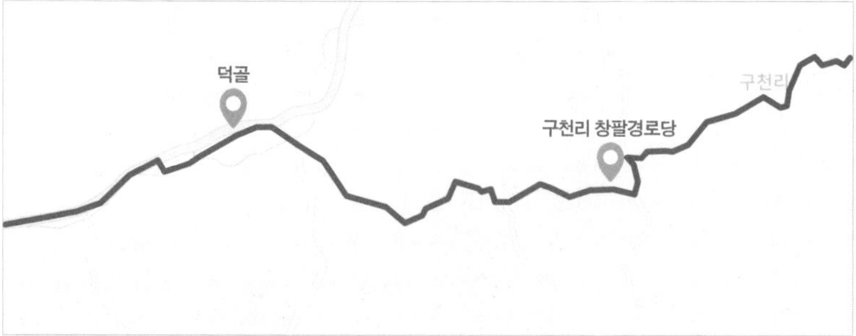

봉화군 상운면 덕골-구천리창팔경로당 부근

불 이어진다. 첫 번째 고개를 넘으면 봉화의 상운면인데, 그 길 끝에 4월의 연두잎 고목 버드나무와 집이 드문드문 모여 있는 창팔마을이 있다. 구천리창팔경로당을 지나서 왼쪽(북)으로 돌고, 100m쯤 가서 다시 오른쪽(동)으로 꺾으면 또 1.5km 정도에 걸쳐 음매 음매 축사 겨우 두 곳만 만나는 동수나무재의 고갯길이다. 동창재만 한 고갯길이지만 급경사가 없어 걷기에는 무리가 없다.

이 구간의 시골길은 그냥 편하고 좋더라. 경로당과 음매 음매 한우 축사를 제외하면 구체적으로 기억에 남는 장면이 거의 없다. 그냥 편

구천리 창팔마을 길

구천리 창팔마을회관

구천리 창팔 표지석과 고목 버드나무

하고 좋은 느낌만 어렴풋이 남을 뿐이다. 하지만 이 길을 다섯 번째 걸어가니까 막상 그곳을 지날 때는 그 전에 걸어갔던 장면 하나하나가 다 기억난다. 모든 길이 다 그랬지만 다섯 번째 걸어가는 나에게 이 시골길도 정다운 내 길로 다가오더라.

동수나무재를 넘어 한참을 걸어가면 드디어 집들이 보이기 시작하는데, 귀내란 마을이다. 한자로는 거북 龜(구 · 귀) 자와 내 川(천)자를 써서 龜川里(구천리)라고 기록했다. 이 귀내의 가장 깊숙한 육백 리 귀향길의 길가에 경상북도 민속문화재 제180호 야옹정(野翁亭)이 있다.

용상골에서 만났던 휴계 전희철의 손자 전응방(1491~1554) 선생이 세운 정자로 학문을 강의하고 토론하던 서재다. '들노인' 야옹(野翁)이 아호인 전응방은 진사에 급제하였지만 할아버지의 뜻을 받들어 벼슬길에 나아가지 않고 야옹정에서 학문에 정진하며, 퇴계 선생과도 자주 만나 도학을 강론했다고 한다. 비록 민속문화재로 지정된 야옹정이 유

야옹정 앞 연못, 달을 담는 저월당(貯月塘)

야옹정 본채

들노인의 '야옹정' 달을 담는 '저월당' 봄 단장하는 마을 '장춘오' 현판들, 모두 은둔 선비의 멋을 풍긴다.

명하지만 전응방 가문의 본가로서 솟을대문을 비롯하여 양반 고택의 풍미를 충분히 감상할 수 있는 곳이다.

야옹정을 나와 귀내의 마을 길을 걸으면 기와집 고택과 새로 지은 신식 집이 반반이다. 곧 쓰러질 것 같은 기와집도 있어 안타까운 마음도 든다. 마을 입구의 하천가에는 멋진 소나무 마을 숲이 있고, '전통

옥천전씨 구천파오백년세거지지 표지석

마을 구천리 귀내'와 '沃川全氏 龜川派五百年世居之地(옥천전씨 구천파오백년세거지지)'란 큰 표지석 두 개가 서 있다.

마을은 크지 않지만 오래되고 고풍스러운 양반 마을임을 금방 알 수 있다. 퇴계 선생이 태어난 도산면의 온계를 제외하면 육백 리 귀향길 가에서 만나는 유일한 양반 마을이고, 약 15km 세 시간 반을 걸어왔으니 충분히 쉬어갈 만하다. 마을 숲 오른쪽에는 그늘이 정말 큰 느티나무와 귀내가 시원하게 바라보이는 넓은 평상이 길 가는 나그네를 쉬어가라 잡아끈다. 쉬어가라니 쉬어가는 게 예의다. 우리는 미리 준비해 온 음식과 음료수를 꺼내어 여유롭게 점심 식사를 하였다.

귀내마을을 지나 직진하면 또 2.5km 정도 다시 삿갓재의 고갯길이다. 고개 안쪽에 큰도기, 작은도기 두 마을이 있다고 하는데, 육백 리 귀향길에서는 보이지 않는다. 만나는 집이라고는 거대한 축사 하나가 전부다. 고개가 동창재보다 더 크고 높지만 고개 정상까지도 논밭이

야옹정-토일 부근

있어 험하지는 않다.

고갯길은 정상 부근에서 갈림길을 두 번 만나는데, 잘못 선택하면 헤맬 수 있다. 먼저 작은 사거리가 나오는데, 여기서는 도기마을 쪽으로 직진하지 말고 오른쪽(남)으로 꺾어서 가야 한다. 곧바로 삼거리가 나오는데, 여기서도 직진하지 말고 왼쪽(동)으로 돌아서 가야 한다. 이곳에서 아주 큰 인삼밭 사이를 지나는데, 꼭 인삼 내음이 내 코를 자극하는 것 같은 착각에 빠지더라.

그렇게 고개를 넘어 빙 돌아 내려가면 오랜만에 사과밭이다. 엄청 크진 않지만 오랜만에 봐서 그런지 반갑다. 그 끝에 조용한 토일마을이 있다. 아담한 토일교회의 십자가가 유난히 기억에 남는다.

사과밭 도마재를 넘어 안동의 마을로

토일마을을 지난 길은 도마재를 넘어 안동시 녹전면 매정리의 새미마을에 이른다. 충주시 마즈막재와 풍기읍 너른 벌판에 이어 세 번째

삿갓재에서 바라본 안동 학가산 풍경

로 큰 사과밭 풍경이다. 세 곳 다 놀랍고 멋지지만 가장 인상적인 사과밭 풍경을 고르라면 나는 도마재를 고르고 싶다. 산과 산줄기로 둘러싸인 계곡 거의 전체가 사과밭으로 꽉 찼고, 집이라고는 사과밭을 관리하는 한 채 외에는 보이지 않는다. 게다가 고갯길이 빙그르르 구불구불 사과밭 사이를 지난다.

가을철 도마재를 넘을 때, 푸른 산으로 둘러싸인 넓은 사과밭 세상을 나그네 홀로 느긋하게 가로질러 걸어가는 느낌이었다. 꽃과 나비와 새가 풍경 속에 양념으로 살짝 뿌려지니, 사과밭 풍경의 주인이 따로 없더라. 고개 정상의 사과밭을 지나 숲길을 통과하니 새미마을이 갑자기 나타난다. 마치 꿈속의 무릉도원을 다녀온 느낌이 이런 것이 아닐까.

매정리는 골매와 새미를 합해 만들어진 이름인데, 한자 조합이 재밌다. 골매는 한자의 소리를 따서 骨梅(골매)로, 새미는 새 新(신) 자와 우물 井(정) 자를 써서 新井(신정)이라 표기했는데, 한 글자씩 따서 매정리

도마재에서 바라본 삿갓재와 토일마을

가 만들어졌다. 새미는 박씨가 살면서 샘을 새로 파서 만들어진 이름이라고 하는데, '새우물 → 새물 → 새미'로 바뀐 것 같지만 맞는지는 잘 모르겠다. 우리말 마을 이름 중 그 유래나 소리의 변화 양상을 확실하게 알기 어려운 사례가 의외로 많다.

새미에 도착했을 때 우리를 환하게 맞아준 것은 봄철 길가의 짙은 분홍색 복숭아꽃 한 그루였다. 옅은 분홍색이 살짝 들어간 흰색의 사과꽃만 실컷 보다가 짙은 분홍색의 복숭아꽃을 만나니 유난히 눈에 띄고 기억에 남더라. 늦가을 새미를 지날 때 나를 맞아준 것은 길가의 대추나무에 다닥다닥 붙어 있던 주름진 대추였다. 요즘은 아무도 따 먹지 않으니 나라도 따 먹어야 예의를 지키는 것 아닌가란 생각이 들었다. 수분이 많이 빠져버린 주름진 대추였지만 맛은 정말 달더라.

매정리 마을회관을 지나면 2차선의 신매로가 나타나는데, 거기에서 내 키보다 더 큰 길 안내 표지석을 만난다. 표지석 가운데에 매정리가

매정리에서 만난 복숭아꽃

한자로 梅井(매정)이라 적혀 있고, 아래(남)의 고정에서 위(북)의 당마로 신매로가 지나간다. 그리고 오른쪽(동)으로 골매와 취심골로 꺾어지는 길이 그려져 있는데, 이 길이 육백 리 귀향길이다.

신매로를 중심으로 오른쪽으로 꺾어지는 길 2개, 왼쪽으로 꺾어지는 길 2개가 직선과 화살표로 간략하게 그려져 있다. 고지도 전문가란 말을 듣고 있는 나의 눈에는 이름 모를 누군가가 직선의 묘미를 살려

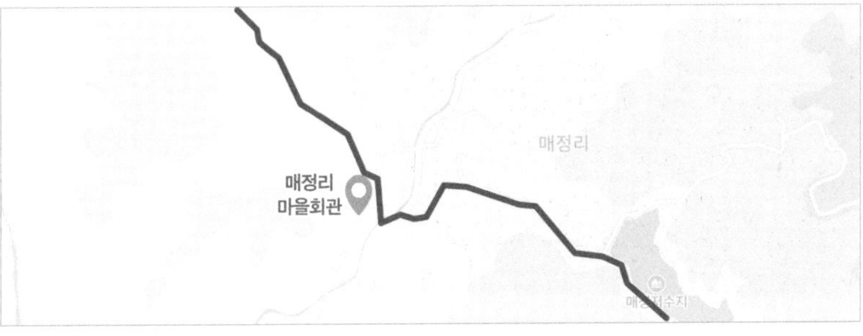

안동시 녹전면 매정리 부근

2019년 4월 퇴계 귀향길 450주년 기념행사 때 매정리를 지나가며

그려낸 고지도 속의 길처럼 꽤나 인상적으로 다가오더라. 2019년 4월 행사 때 이 표지석 앞에서 검은 갓 쓰고 하얀 도포 입은 채 두 팔 활짝 벌려 독사진을 찍었는데, 나는 육백 리 귀향길에서 찍은 사진 중 그 사진을 제일 좋아한다.

신매로를 만나 왼쪽(북)으로 꺾어 50m쯤 가면 골매와 쥐심골로 꺾어 들어가는 마을 길이 시작된다. 이곳도 좌우로 사과밭인데, 가을철 지나갈 때 길가의 사과밭 둑에서 검보라색 머루를 실컷 따 먹은 것이 기억에 남는다. 어렸을 적 하루에 차 한두 대 들어오던 깡촌에 살았던 시골 출신이지만 머루는 자주 따 먹을 수 있는 야생 열매가 아니었다. 간혹 먹어보기는 했지만 진짜 간혹일 뿐이었다. 그런데 이 길가

가을철 매정리 마을 길에서 만난 머루

용두정-용운사 부근

를 따라 머루나무가 꽤 많았고, 아무도 따 먹지 않은 동글동글한 머루가 주렁주렁 천지였다. 따 먹지 않고 지나가면 괜히 머루에게 미안한 느낌이어서 실컷 따 먹었더니 입술도 검보라색으로 살짝 물들더라.

곧바로 경사진 고갯길이 시작된다. 고개가 얼마나 큰지 모르고 빠르게 걸어서 올라갔다간 숨이 턱밑까지 차오르니 천천히 쉬엄쉬엄 오르는 게 좋다. 그렇게 700~800m를 오르면 갑자기 산과 하늘을 담은 호수가 우리를 기다린다. 매정저수지다. 용두산(664.6m)에서 흘러내린 작은 계곡을 막은 저수지라서 둑이 엄청 높고, 산과 산줄기로 완전히 둘러싸인 산속 호수다. 호수 주변이 초록색, 흰색, 분홍색의 화사한 봄으로 뒤덮였고, 산 중턱에는 마을과 집과 구불구불한 길이 들어가 한 폭의 풍경화를 완성시킨다.

느티나무 세 그루와 용두정

육백 리 귀향길에서 두 번째로 높은 고개, 용수재

매정저수지 둑 앞의 삼거리에서 직진하면 용수재로 가는 골매마을이고, 왼쪽으로 꺾어지면 산 중턱의 쥐심골이다. 직진하여 매정저수지를 지나면 그 끝에 거대한 느티나무 세 그루와 용두정(龍頭亭)이 있다. 골매마을 분들을 위한 작은 쉼터다. 귀내마을에서 큰 고개 두 개를 넘는 약 5km 한 시간 반 거리이고, 대재 다음으로 높은 용수재가 우리를 기다리고 있으니 충분히 쉬어갈 타임이다. 느티나무 너른 그늘 용두정에 앉아 이마에 흐른 땀방울을 식히며 에너지를 보충한다.

드디어 용수재를 넘어가기 위해 출발이다. 골매마을을 가로지른 오르막길을 서서히 올라가는데, 한 300m쯤 가서 갈림길이 나온다. 넓은 길이 오른쪽(남)으로 꺾이고, 상대적으로 좁은 길이 직진이다. 내가 처음 육백 리 귀향길을 걸어갈 때 지도를 숙지하지 않은 채 너무 자신 있게 길을 가다가 여기서 헷갈렸다. 넓은 길을 따라 오른쪽으로 꺾어서 들어갔다가 혹시나 하여 주민에게 물었더니 직진의 길로 가야 한다는 것이다. 큰일 날 뻔했다. 육백 리 귀향길을 가는 사람들은 헷갈리지 않도록 산 중턱에 있는 '용운사'의 안내표지판을 보며 따라가면 된다.

퇴계 선생은 한티[大峴]를 넘었다. 여기서 '한'은 대한민국에서의 '한'과 같이 '크다, 우두머리, 임금'이란 뜻이다. 한티는 이 지역에서 제일 큰 고개란 의미다. 요즘엔 용수사로 넘어가는 고개라고 하여 '용수재'라 부른다.

한티를 넘는 길은 두 개였다. 하나는 잘못 들어섰던 길로 가는 것이고, 하나는 오늘 가는 길이다. 이 중에서 덜 험했던 길은 잘못 들어섰던 길이고, 퇴계 선생도 그 길을 따라 한티를 넘었을 것이다. 하지만 오랫동안 사람들이 다니지 않아 지금은 고개 정상 부근에서 길이 완전히 사라졌다. 그래서 산불 등 산을 관리하기 위해 차가 다닐 수 있도록 만든 임도(林道)를 따라가는 오늘의 이 길로 퇴계 선생 마지막 귀향길이 정해졌다.

육백 리 귀향길은 갈래 길에서 계곡의 작은 시내를 건너고, 사람 사는 마지막 집 앞을 지난다. 왜 집이면 집이지 사람 사는 마지막 집이라고 표현했는가. 원래 위쪽에도 사람 사는 집이 여러 채 있었다. 하지만 지금은 모두 사람이 살지 않아 담쟁이넝쿨이 담과 지붕을 온통 뒤덮었고, 군데군데 집이 무너지고 있다. 밤에 걸어간다면 꽤나 무서운 집으로 보였을 것 같다. 다행히 우리는 낮에 그 집들을 지나고, 할머니 할아버지가 모두 돌아가시면 빈집으로 변하는 대한민국 마을의 단면을 본다.

빈집과 밭을 지나면 이제부터 경사가 급한 고갯길이다. 숲길로 들어가는 길가엔 입술보다 더 붉은 매화가 가지마다 가득한, 키 큰 매화나무가 여러 그루 나란하다. 바로 위의 용운사에서 심어 관리하는 나

안동 녹전면 용수재 용운사에서 바라본 대재 산과 산줄기

무이리라. 숲속의 고갯길은 경사가 심했다가 적었다가를 반복하며 굽이굽이 올라간다. 첫 굽이에서 용운사로 올라가는 길이 있지만 일정이 늦어지고 있어 그냥 지나친다.

육백 리 귀향길에서 용운사까지는 150m 이상 갈라져 올라가는데, 6월 초여름 용수재를 오를 때 궁금하기도 하고 갈증도 너무 심해서 찾아가 봤다. 시원한 물도 얻어 마셨고, 부처님께 삼배도 드렸다. 스님과 대화도 나누었는데, 나를 본당 2층으로 데려가시더라. 그러곤 거기서 저 멀리 앞쪽을 바라보란다. 산과 산줄기가 겹치고 또 겹친 아스라한 풍경인데, 스님께서 마지막 산줄기 중 한 곳을 가리키며 거기가 대재라고 말씀하신다.

아~ 용운사에서 대재가 보이는구나. 그렇다면 대재에서도 여기가 보인다는 말인데…. 용운사에서 서서북 방향에 대재가 있으니 대재에서 용운사는 동동남 방향이라는 소리다. 다음번 육백 리 귀향길을 걸

용수재 올라가는 길

용수재 내려가는 길

어갈 때 대재에서 동동남 방향을 바라보며 찾아보면 용운사 뒤쪽의 용두산을 찾을 수도 있겠는데? 한번 해봐야겠다. 이렇게 생각했지만 그게 쉽지는 않더라. 이번에도 찾아보지 못했다. 다음번에는 찾든 못 찾든 꼭 한번 찾아는 봐야겠다.

몸에서 땀이 흐르고 입에서 헉헉 소리가 난다. 고갯길은 온통 숲속이라 어디가 어딘지 짐작하기 어렵다. 어휴…, 언제나 용수재를 넘어갈 수 있는 거지? 용수재를 오르는 고갯길이 결코 쉽지 않지만 온몸이 파김치가 되기 전에 저 멀리 정상의 벤치가 보이기 시작한다. 높긴 높은 고개인데, 그렇다고 엄청 높은 고개는 아닌 것이다. 용수재 정상의 벤치에 앉아 양말 벗은 다리를 쭉 뻗고 푹 쉰다. 고개 정상이지만 주위의 나무가 우거져 먼 전망은 없다.

이제 내리막길이다. 임도(林道)를 따라가기에 길은 널찍하다. 숲길이 많이 구불구불하고, 키 크고 멋진 소나무가 많다. 길가엔 꽃과 나비요, 이름 모를 풀 천지다. 마지막 굽이를 돌자 사과밭이다. 그런데 사과나무는 가득하지만 가꾸어지지가 않았다. 지난가을에 갈 때도 사과는 다닥다닥 열렸는데, 크기가 작고 수확을 안 했더라. 사과밭 주인이 누구인지 모르겠지만 사과를 가꾸고 수확하지 못할 무슨 사연이라도 생긴 듯하다.

사과밭 다음에는 풀 천지로 변한 논이고, 논을 지나 다시 숲길이다. 계곡물이 많지는 않지만 졸졸졸 흐르는 물소리가 괜찮다. 한 500m쯤 갔을까. 다시 양쪽으로 사과밭인데, 사과나무가 잘 가꾸어져 있다. 작년 이 사과밭을 지날 때 주렁주렁 매달린 붉은 사과를 수확하는 주인을 보았다. 꽤 젊었다. 그렇다고 20~30대라는 것은 아니다. 할머니 할아버지로 보이지는 않았다는 의미다. 그 사과밭 주인의 집이 길가에 있다. 그렇게 사과밭 사이로 걸어 내려가면 용수사의 일주문이 우리를 맞는다.

안동시 도산면소재지 부근

용수사 일주문

마지막 작은 고개 삽재를 넘어

용수사로부터 퇴계 선생의 생가 노송정종택까지는 하천가를 따라 4km가 안 되는 길이라 많이 걸려야 한 시간 거리다. 용수사는 퇴계 선생이 어린 시절 자주 와서 공부하던 곳이고, 성년이 된 이후에도 강학이나 풍류를 즐기기 위해 찾았던 절이다.

2019년 퇴계 선생 마지막 귀향길 450주년 재현 행사 때 퇴계 종손을 비롯하여 도산서원 관계자들 수십 명이 재현단을 맞이하기 위해 나와 기다렸다가 간단한 행사를 치룬 곳이 용수사 입구 일주문 옆의 넓은 공간이다. 그땐 용수사 스님들도 참석하여 축하해주었다. 전국적으로 널리 알려진 사찰은 아니지만 일주문을 중심으로 정자가 깔끔하고 넓은 주차장을 갖추는 등 정비가 꽤나 잘 되어 있다. 나는 여섯 번이나 걸어서 지나가지만 먼 길 걷기의 원칙에 충실하느라 일주문에서 300m 거리의 용수사 본당에는 올라가 보지 않았다.

용수사로부터 도산서원까지는 이제 7km 조금 더 남았다. 일정이 조금 늦어지고 있어 도산서원에 도착하면 해가 뉘엿뉘엿 서산을 넘어가 있을지도 모를 일이다. 지팡이에 의지해 많은 고개를 넘으며 엄청 힘드셨을 이태호 교수는 그래도 괜찮다며 끝까지 다 걸어가시겠단다. 옆에서 보기에는 좀 안타깝지만 의지가 워낙 강해 말릴 수는 없다.

용수사 일주문을 지나고부터는 2차선 찻길이다. 하지만 차는 5분에 한 대 만날까 말까 한 한적한 길이기에 마을 길이라 부르는 것이 실제에 더 가깝다. 길 양쪽으로는 기계로 깔끔하게 밭갈이를 끝내고 비닐을 깔아 모종을 다 마친 넓은 밭이 계속 펼쳐진다. 작년 가을에 걸어갈 때 보니까 담배밭이 가장 많았다. 벚나무가 줄지어 있는 구간도 있지

삽재-도산서원 부근

안동시 도산면 노송정종택 마을 온혜리

만 전체적으로는 나무 그늘 없는 길이 더 많다. 6월 초여름에 갈 때는 꽤나 더웠는데, 4월 봄철 저녁에 가니까 더위는 없더라. 어느 곳인가에선 퇴계 선생이 넘나들던 돌다리 유적도 만나는데, 하천을 따라가는 좁고 짧은 옛길의 흔적도 있더라.

이 길을 처음 걸어갈 때 도산서원이 가까워졌다는 사실에 마음이 급했던 기억이 난다. 하지만 생각보다 길이 멀었다. 그러니 여유를 갖고 가야 하며, 오늘 일정의 끝부분이라 몸이 많이 지쳤기 때문에 중간에서 한 번쯤 쉬어줘야 탈이 없다. 이날 우리도 용수사에서 3km 정도 거리의 웅부중학교 앞 벤치에서 잠시 쉬었다. 그리고 다시 출발이다.

퇴계 선생의 생가 노송정종택이 보이기 시작한다. 이곳은 퇴계 선생의 풍취가 형성된 곳이다. 좌우로 뻗은 산줄기를 따라 많은 기와집 고가가 줄지어 이어진다. 우리나라의 한옥은 가까이 가서 보는 것도 좋지만 멀리서 바라보는 것도 멋지다. 특히나 뒤로 산과 산줄기가 함께

가을, 노송정종택 가는 길에 보이는 담배밭

하는 한옥 마을의 풍경은 풍수의 명당 논리에 따라 구성되었기 때문에 다른 나라에서는 만나보기 힘든 독특한 풍경을 자아낸다. 노송정종택이 있는 온혜마을은 그런 풍경의 전형을 잘 보여준다.

노송정종택을 방문하는 이 대부분이 차를 타고 종택 앞 주차장까지 가기 때문에 이렇게 멋진 마을 풍경을 잘 보지 못한다. 육백 리 귀향길이 그 길을 걸어가는 이에게 선물하는 마을 풍경이라고 말하면 지나친 것일까.

퇴계 선생의 생가이니 노송정종택을 방문하고 싶은 마음 굴뚝 같아도 육백 리 귀향길을 걸어가는 사람이라면 꼭 참고 지나쳐야 한다. 하루의 긴 일정 때문에 심신이 완전히 지칠 시간인지라 만약 노송정종택을 방문하여 구경하면 조금 남은 마지막 구간을 진짜 힘들게 걸어갈 가능성이 높다. 구경하고 싶다면 도산서원에 도착한 후 자가용을 타든, 택시를 부르든 차를 타고 가서 구경하길 권한다.

노송정종택 맞은편 길가에서 스마트폰 셔터를 찰칵 찰칵 누른 후 다시 길을 걷는다. 저 멀리 도산면소재지의 밀집된 시가지와 온천장 건물이 보이지만 길은 그쪽으로 가지 않는다. 도착 전 다리가 나오면 거기를 건넌다. 그러면 하천가를 따라가는 둑길인데, 그것이 옛길이다. 경운기 한 대 겨우 지나갈 만한 길이라 사람이 거의 다니지 않는다. 경운기 바퀴가 지나간 자리엔 풀이 없고 길 가운데만 풀이 있는 전형적인 옛 시골길 모습이다. 그 둑길 끝에 도산면행정복지센터가 있고, 그 앞을 지나면 옛날 찻길인 퇴계로다.

여기부터 또 인도가 없는 찻길을 잠시 걷는다. 차가 많이 다니지 않아 그래도 다행이지만 갓길이 거의 없어 위험하다. 하하하…, 더 말하면 지겹겠지만 육백 리 귀향길이 유명해져서 이 구간도 안전한 인도가 만들어지길 간절히 바라본다.

삽재 오솔길

퇴계로를 따라가던 찻길은 퇴계교차로에서 새 찻길과 만나고, 200m쯤 걸어가면 왼쪽의 마을로 들어가는 마을 길이 나타난다. 차는 많이 다니지 않지만 횡단보도가 없으니 조심해서 건넌다. 마을 길 입구에는 재현 행사 때문에 안동시에서 설치한 '퇴계 귀향길' 안내표지판이 서 있다. 마을 길을 따라 빙 돌아 200m쯤 가면 숲길로 접어들고 육백

삽재 입구 퇴계 귀향길 안내표지판

리 귀향길의 마지막 고개인 삽재의 고갯길이 시작된다. 중간에 갈림길이 하나 나오는데, 안동시에서 설치한 안내표지판의 방향 안내를 따라가기만 하면 된다.

삽재는 진짜 작은 고개다. 길도 산속의 진짜 오솔길이기에 옛 정취를 물씬 느끼며 걸을 수 있는 고갯길이다. 여기에도 작은 각시붓꽃들이 듬성듬성 숨어서 고운 보라색을 뽐낸다. 생각보다 경사가 심하다. 도산서원에 다 왔다는 생각에 마음이 급해서 빠르게 오르려 하면 숨이 턱밑까지 차오르고 다리와 허리가 꽤나 삐걱거린다.

그렇게 도착한 삽재 정상엔 퇴계 선생이 생가 온계에서 삽재를 넘어 도산서원을 가던 길에 읊은 〈새벽에 온계를 출발하여 소리재(삽재)를 넘어 도산서당에 이르다〉는 시가 표지판 위에 기록되어 있다.

새벽에 이슬에 옷 젖어 촉촉한데
야윈 나귀 채찍해도 고개 넘기 어렵네.
크고 작은 소나무는 나란히 서 있고
희고 누런 국화는 서로 아롱지도다.
고요한 사립문 저 멀리 바라보이고
대나무 성긴 정원 쓸쓸하기만 하네.
저녁나절 바람과 햇빛 좋기도 하여
가만히 앉아 가을 산 바라보네.

도산서원이 코앞이라는 급한 마음에 급경사의 고갯길을 빠르게 오르다 보니 숨이 차고 힘들어서 퇴계 선생의 시를 읽기는 읽되 감상할 여유는 없더라. 서울의 경복궁에서 꼬박 9일 걸어와 삽재를 넘는 이에게 왜 퇴계 선생의 시를 감상하지 않느냐 너무 탓하지 마시라. 오늘 하

삽재 정상 산길

퇴계 선생이 삽재를 넘어 가다 읊은 시

삽재 오솔길에서 만난 각시붓꽃

삽재 오솔길의 보라색 각시붓꽃

루 일정은 아침 일곱 시 반에 시작되었고, 지금은 여섯 시가 가까워오고 있다. 금강산도 식후경이라고 했지 않는가.

이태호 교수는 지팡이에 의지해 삽재까지 오르면서도 길가의 꽃을 보면 사진 찍는 걸 멈추질 않으시더라. 참… 나 원…, 열정이 대단하시네요. 삽재 정상 퇴계 선생의 시 표지판을 향해서도 카메라 셔터를 누르신다. 참 못 말리는 분이시네요.

삽재에서 내려가는 길은 올라오는 길보다 더 가파르다. 도산서원 측에서 정비했다고는 하나 행사 때를 제외하면 사람이 별로 다니지 않아서 그런지 일부는 길인지 아닌지 분간하기 어렵게 된 부분도 있다. 가끔 굵은 나무가 쓰러져 길을 막기도 하는데, 몸을 숙여 나무 밑을 지나가며 도산서원으로 들어가는 관문이라며 서로 웃기도 한다. 그렇게 삽재를 모두 넘으니 도산서원길 2차선 찻길이고, 곧바로 위쪽 주차장이다.

멀리 도산서원 주차장을 바라보며

도산서원에서 방글이가 되었다

갑자기 이태호 교수가 옷을 매만지신다. 9일 내내 같은 옷을 입고 걷던 분이 갑자기 옷을 매만지시니 궁금해서 여쭌다.

"왜 그러시나요?" 이런 대답이 날아온다.

"그래도 도산서원에 다 도착했는데 이 정도는 해야지."

잘 알다시피 퇴계 이황은 조선 성리학을 완성한 최고의 학자이자 지성으로 꼽힌다. 이렇게 아름다운 안동 낙동강변에서 퇴계학을 이루었고, 후학을 길렀다. 도산서원은 그 중심터이다. 조선시대 가장 많은 과거급 제자를 배출했고, 퇴계학문풍을 잇는 뛰어난 학자들을 배출했다. 그 퇴계의 기운이 충만한 자연을 만나는 이태호 교수의 경건함이 좋다.

도산서원이 가까워지니 기운이 나고, 길도 내리막길이다. 도산서원의 본 주차장에 도착하기 300m 전, 우리를 기다리는 분들의 모습이 꽤나 많다. 조금씩 가까워질수록 다들 반기는 얼굴 표정까지 보인다. 느리게 걸어가는 것을 참지 못하고 앞서갔던 우리 일행 두 분, 그리고 이태호 교수와 나의 지인 여러분이 서성이며 반갑게 우릴 기다린다.

경복궁에서 출발하여 도산서원에 도착했던 다섯 번 중 두 번은 환영

도산서원 전경

하는 이 전혀 없었고, 두 번은 환영하며 기다리는 이 두 분이셨다. 어느 경우가 더 좋다고 말하기는 어렵다. 환영하는 분이 많으면 많은 대로, 적으면 적은 대로, 없으면 없는 대로 기분은 다 좋더라.

그런데 아직은 도산서원 주차장이니 끝이 아니다. 매표소를 통과하고 안동호 호숫가를 따라가면 서울의 경복궁에서 시작된 육백 리 귀향

노을진 시사단과 낙동강물

봄 옷 입은 왕버들 고목

수백 년간 도산서원 앞 뜰을 지키고 있는 왕버들

도산서원에 도착하다. 왼쪽부터 홍석근, 이기봉, 수묵화가 안동대 권기윤 교수, 이태호, 봉성기, 티제이 김

길 걷기의 도착지 도산서원의 모습이 눈앞에 펼쳐진다. 해는 이미 서산을 넘었고, 서원 앞 시사단(試士壇)의 낙동강물도 어슴프레하다. 봄저녁 너른 안동댐 호수를 눈에 담으니, 죽령 너머 들길 산길에서 겪었던 갈증이 일시에 해소되는 듯하다.

그런데 환영하는 분들과 대화하느라 9일이나 걸어서 도착한 도산서원의 감격을 충분히 만끽하기가 어렵다. 환영하는 이 많으면 이게 단점이다. 10분이라도 여유 있게 서서히 돌아보며 9일 일정의 감격을 도산서원 곳곳에 새겨 볼 수 있는 것, 이것이 환영하는 이 없이 도산서원에 도착했을 때의 장점이다.

환영하는 이가 있든 없든 똑같은 것이 하나 있다. 마지막 인증 사진 찰칵! 사진 이미지를 찾아보니 서울의 경복궁에서 9일 일정 그리고 오늘 하루의 34km 먼 일정에 꽤나 힘들었을 텐데도 도산서원 앞에서의 얼굴은 환하게 웃고 있더라. 방그르르~~ 육백 리 귀향길의 끝, 도산서원에서 난 방글이가 되었다.

2부

나의 길, 우리의 길

육백 리 귀향길이 휴식의 길을 넘어 천국의 길이었다. 봄의 귀향길 여기저기 피어난 꽃과 나비와 벌, 녹음 싱그러운 풀과 곤충과 나무와 새, 빨간 산딸기와 검게 빛나는 오디, 흐르는 물과 연초록 산. 모두 나에게 손을 벌려 환영하더라. 그러곤 따뜻하게 위로하며 속삭이더라.

'요즘 힘들었지요? 육백 리 귀향길 내내 그대와 함께하리니, 힘든 것 다 잊고 나와 함께 편안히 쉬다 가세요.'

천국이 따로 있을까. 육백 리 귀향길 내내 자연의 친구들이 늘 내 곁에서 함께하며 동행해줬다. 내 마음은 오랜만에 찾은 여유로움으로 가득했고, 얼굴에선 웃음이 가신 적이 없다. 퇴계 선생이 선물해준 이 길의 꿈 같은 시간이었다.

1

내 삶에 들어온
퇴계 선생 마지막 귀향길

인연의 시작

무더위가 물러가던 2018년 9월 어느 날, 안동대 안병걸 교수로부터 전화가 왔다. 옛날 경기도 양주의 한강가에서 '無任浦(무임포)'란 한자 지명을 찾는데 아무리 해도 못 찾겠으니 찾아달라는 부탁의 전화다.

규장각부터 국립중앙도서관까지 근 20년 가까이 근무하며 고지도와 지명 정리 업무를 지속적으로 맡아왔기에 나름대로 우리나라 지명을 가장 많이 보고 정리한 사람 중의 하나라 자부하지만, 양주의 한강가에서 '無任浦(무임포)'란 한자 지명을 본 기억이 없다. 그래도 성의는 다해야 하기에 다시 한번 자료를 이리저리 찾아보았으나 역시 결론은 찾을 수 없었다.

"교수님, 지금 남양주시 수석동의 미음나루를 비슷한 소리의 한자 無任(무임)과 나루란 뜻의 浦(포)를 따서 기록한 지명으로 판단됩니다."

안병걸 교수는 그것만으로도 거듭 감사하다고 말씀하신다.

한동안 잊고 있었던 그해 10월 어느 날, 안병걸 교수로부터 또 전화가 왔다. 안동 도산서원 선비수련원에 자문위원으로 참석해달라는 부탁이다. 내년에 퇴계 선생 마지막 귀향길 450주년 기념행사를 하려는데, 서울 경복궁에서 안동 도산서원까지 귀향길을 찾지 못하고 있다는 것이다. 그래서 귀향길 찾기 관련 자문 회의를 개최하는데 고지도 전문가인 내가 와서 좋은 자문 좀 해달라고.

웬 도산서원?

나와는 도저히 어울릴 것 같지 않은 도산서원 선비문화수련원에서 나에게 자문을 요청하다니, 살다 보니 별 희한한 경험도 하는구나 싶었다. 신기하기도 하고 안병걸 교수의 간곡한 부탁도 있고 해서 이렇게 대답했다.

"예, 제가 도움이 될지는 모르겠으나 알겠습니다."

뭔가 끌려들어 가는 이상한 느낌

가을이 무르익던 10월 말 어느 날, 자문회의에 참가하려 연가를 이틀이나 냈는데 갑자기 저녁 6시로 시간이 변경되었다는 연락이 왔다. 뭔가 이상하다는 느낌이 들었지만 이왕 이렇게 된 것 그동안 꼭 가보고 싶었지만 차일피일 미루던 충북 보은의 삼년산성(三年山城)에 들러 답사나 하고 가기로 했다. 그렇게 만난 삼년산성은 내 눈이 휘둥그레질 정도로 놀랍고 멋졌다. 자문회의가 늦게 열리는 바람에 삼년산성을 여유롭게 실컷 돌아봤으니 기분 좋은 하루가 되어가고 있었다. 게다가 거기서 우연히 만난 한양도성 지킴이 네 분과 지금도 교류를 이어오고 있으니 그 또한 인연 아닌가.

삼년산성에서의 좋은 기분을 안고 도산서원 선비문화수련원에 도착하자 반갑게 맞이하는 안병걸 교수가 자문회의가 열리는 방으로 안내를 한다. 그리고 시간이 조금 흐르자 도포자락 휘날리며 연세 지극하신 선비수련원 관계자분들이 줄줄이 들어와 앉으신다. 뭔가 분위기가 심상찮다.

“저기 교수님, 다른 자문위원은 어디 계신가요?”

“다른 자문위원요? 오늘 자문위원은 이 박사님 한 분이에요.”

‘아니 나 혼자만이 자문위원인 자문회의도 있나?’ 놀랍기도 하고 혼란스럽기도 하다. 그렇게 시작된 자문회의는, 그러나 생각보다 매끄럽지 못했다. 연세 지극하신 관계자분들이 너무 당신들의 생각에 고집을 피우신다. 나 또한 그 고집을 인정하지 않고 맞선다. 분위기가 약간 흐트러지자 김병일 원장님께서 정리를 하신다.

“아, 이 박사님도 너무 그렇게 강하게 말하면 안 되고요, 여기 앉아 계신 분들도 전문가의 말을 경청하려 해야지, 그렇게 자신의 생각들에 너무 고집을 피우면 안 돼요.”

원장님의 정리가 있은 후에야 귀향길 찾는 방법을 차분히 설명할 수 있었었다. 행사 주최 측에서 귀향길을 찾기 위해 오랫동안 열심히 찾아서 수북이 준비한 고지도는 아무런 도움이 못 됨을 분명히 했다. 그랬더니 모두 놀라신다. 나를 자문위원으로 부른 것은 고지도 전문가여서였는데, 그 고지도 전문가가 귀향길을 찾는 데 고지도가 아무런 도움이 못 된다고 단호하게 말하니 황당할 수밖에….

늘 걸어 다니던 옛날 길에 익숙한 옛날 사람들에겐 그림처럼 그린 고지도 위의 길이 실제로 어떤 길인지 금방 알 수 있었었다. 하지만 일상적으로 걸어 다니지도, 옛길을 가보지도 않은 현대인들에게 그림 같은 고지도 속의 길은 그냥 그림 속의 길일 뿐이다. 그러면 어떻게?

“걱정 마십시오. 귀향길 찾는 방법은 별로 어렵지 않습니다.”

나름대로 안심하실 수 있는 말이라 생각했는데 그래도 걱정스러운 눈빛을 보내는 관계자분들에게 귀향길 찾는 방법을 차분하게 알려드

단양 고지도

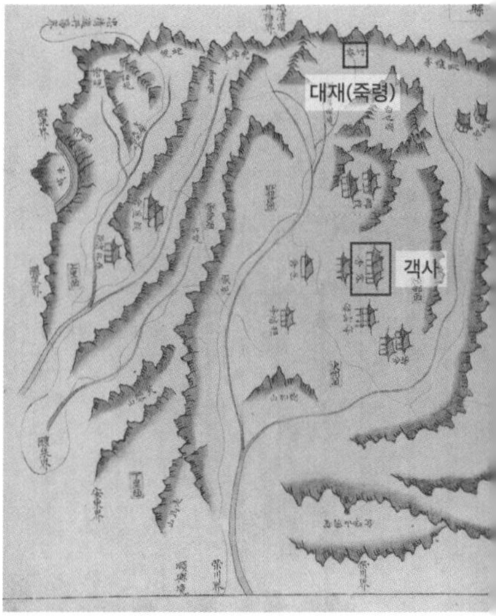

풍기 고지도

렀다. 딱 다섯 가지만 알면 된다고.

"첫째, 지금 같은 넓고 포장된 길은 아니지만 옛날에도 천 년 이상 변함없이 이어져온 길이 전국에 걸쳐 그물망처럼 퍼져 있었습니다. 둘째, 옛날 사람들은 먼 길을 갈 때 특별한 일이 없는 한 남들이 다 다니는 같은 길을 따라서 오고 갔습니다. 셋째, 이것이 가장 중요한데, 그런 길이 일제강점기인 1910년대에 실측하여 제작한 1:5만 지형도에 100% 가까이 모두 그려져 있습니다. 넷째, 그런 길의 일부가 일제강점기와 경제발전기를 거치면서 사라졌지만 현대 지도와 비교해보면 100%는 아니더라도 90% 이상 찾아낼 수 있습니다. 다섯째, 국사편찬위원회 홈페이지에서 1:5만 지형도를 원본 못지않게 좋은 해상도로 서비스하고 있어 누구나 쉽게 찾아볼 수 있습니다."

그렇게 자문회의가 끝났다. 나는 자문위원으로서 귀향길 찾는 방법

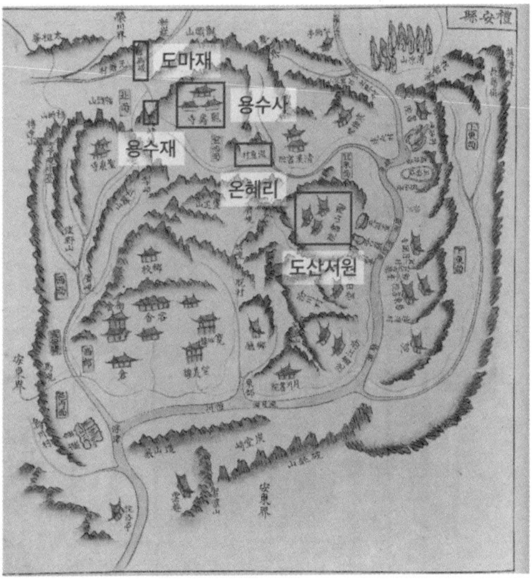

영천 고지도 예안 고지도

의 핵심을 알려드렸으니 할 만큼 충분히 했다고 생각했다. 그날 밤, 안병걸 교수 포함 두세 분과 막걸리 한잔하면서 약간은 어색한 하룻밤을 보냈다. 다음 날 오전에 또 자문회의란다.

'뭔 자문회의가 이틀이나?'

이상하다는 느낌을 넘어 뭔가 끌려들어 가는 듯한 느낌이 내 몸속으로 스멀스멀 기어들어 오고 있었다. 일제강점기 1:5만 지형도를 본 관계자가 한 분도 안 계신 것 같아서, 이왕 이렇게 된 것 국사편찬위원회 홈페이지에서 서비스되고 있는 일제강점기 1:5만 지형도 찾아보는 방법을 안동문화원에서 시연하기로 했다.

안동문화원에 들어가자 아주 반가운 얼굴이 나의 눈에 띄었다. 근 10년 동안 보지 못했던 지리학과 10년 선배인 이한방 박사님이 거기에 있었다. 퇴계 선생 집안의 일원으로 참여하고 계신다고 한다. 아, 안도의 한숨이 나왔다.

'이한방 선생님이 지리학과 박사시니 앞장서서 귀향길을 찾으시면 되겠네.'

믿음직스러운 분을 만났으니 1:5만 지형도 찾아보는 방법의 시연을 홀가분하게 마쳤다. 그러곤 자문위원으로 나름대로 충분한 역할을 했으니 가벼운 마음으로 서울로 돌아오려 출발할 즈음, 안병걸 교수의 이상한 말이 내 귀에 전해졌다.

"그래도 이 박사님이 귀향길을 찾아주면 좋겠는데요…."

"아, 아니요. 이한방 선생님이 계시니까 잘 찾으실 수 있을 겁니다."

"그래도 나는 이 박사님이 찾아주실 거라 좀 믿습니다. 잘 부탁합니다."

"교수님, 왜 이러세요~. 전 여기까지가 제 역할이라고 생각합니다."

찜찜한 마음, 나를 움직이다

고속버스를 타고 집으로 돌아오는데 찜찜한 마음이 계속 들었다.

'이한방 선생님이 잘 찾으실 수 있을까?'

그렇게 하루가 지나고 이틀이 지나고 또 사흘이 지나갔다. 그런데 찜찜한 마음은 자꾸 나를 떠나지 않는다.

'귀향길 찾는 방법은 정말 쉬운데, 해보지 않은 분이라면 쉽지 않을 수도 있어. 음…, 이한방 선생님도 해보지 않았을 것 같은데….'

이한방 선생님을 믿어야 하는데 믿지 못하는 마음이 생기니 괜히 이한방 선생님께 미안했다. 믿자! 믿자! 다짐을 계속해봤지만 해보지 않으셔서 어려울지도 모른다는 생각이 자꾸 더 많이 생겼다. 그렇게 며칠이 흐르자 나도 모르게 안병걸 교수께 전화를 걸고 있었다.

"교수님, 제가 현대 지도에 귀향길 그려드리는 것까지만 하겠습니다."

"아휴…, 고맙습니다. 나는 이 박사님이 그러실 줄 알았습니다."

그렇게 귀향길 그리는 일이 시작되었다. 나는 귀향길 찾는 방법도, 자료도 잘 알고 있으니 금방 끝내고 보내드린 후 쿨하게 내 역할을 마칠 것이라 생각했다. 하지만 생각보다 쉽지 않았다. 안병걸 교수에게 받은 퇴계 선생 마지막 귀향길 자료 파악, 일제강점기 1:5만 지형도에서 귀향길 찾기, 현대 네이버 지도 위의 길과 비교하며 옛길 그려 넣기. 꼬박 일주일이 지나고 나서야 현대 네이버 지도 위에 귀향길 그리기가 끝났다.

'내가 하지 않았으면 귀향길 행사 관계자분들 엄청 헤맸을 것 같네.'

귀향길 시범 답사

"교수님, 꼬박 일주일 걸려 만든 귀향길 파일 보냅니다."

"고맙습니다. 너무 수고 많으셨습니다. 이 박사님 아니면 이걸 그릴 사람 없다고 봤습니다. 다시 한번 감사드립니다."

안병걸 교수가 너무 감사의 표현을 많이 하신다. 음…, 진심이시다. 그리고 진심이기에 자꾸 나를 더 찜찜하게 만든다.

'가보지 않은 것은 마찬가지지만 나야 하나하나 찾아서 지도 위에 그려 넣은 장본인이니 약간 헤매더라도 지도를 보면서 그 길을 찾아갈 수 있을 텐데, 과연 다른 분들은 찾아갈 수 있을까?'

또 괜한 걱정이다.

다시 안병걸 교수께 전화를 걸고 있는 나, 참 웃긴다.

겨울 사전답사 때 걸었던 섬강 자산길

"교수님, 제가 서울에서 충주 목계까지 남한강 찾아가는 길 시범 삼아 안내해드릴게요. 제가 남한강 책 쓰느라고 그곳을 많이 답사해봤거든요."

"그래요? 어떻게 답사할까 고민이 많았는데, 이거 정말 고맙습니다. 원장님께 말씀드리고 날짜 잡아보겠습니다."

"연말이어서 제가 평일에는 연가를 내기가 힘드니 토요일에 국립중앙도서관에서 만나서 출발하겠습니다. 제 일정에 맞춰주십시오."

"아 예, 알겠습니다. 원장님께 말씀드리고 가실 수 있는 분 함께 갈 수 있도록 하겠습니다."

그렇게 남한강 시범 답사가 성사되었다. 차량 두 대에 나누어 탄 답사자 일행의 한나절 답사는 무사히 끝났다. 그런데 답사 내내 원장님께서 자꾸 나를 칭찬하면서 고맙다는 말씀을 너무 많이 하신다. 이건

겨울 충주 땅에서 바라본 남한강가 원주 마을

또 무슨 시추에이션인가.

결국 앞장서다

남한강 시범 답사가 끝나고 나자 원장님의 감사하다는 말씀이 또 내 마음을 찜찜하게 만들며 괴롭힌다.

'그분들 그 길을 진짜 잘 답사할 수 있을까?'

'또 오지랖이네. 나 없이도 잘 갈 수 있을 거야. 괜한 걱정하지 말라고.'

'아냐, 엄청 헤맬 거야. 어떻게 하지?'

또 그렇게 안병걸 교수께 전화번호를 누른다.

"교수님, 제가 2월 첫째 토요일 사전 답사를 떠날 테니 함께하실 분은 동참하셔도 됩니다. 함께하시지 않아도 저는 무조건 출발합니다."

"예? 듣던 중 정말 반가운 소립니다. 어떻게 사전 답사를 해야 하나 걱정이 태산이었는데, 이 박사님이 이렇게 먼저 연락을 주시니 안심이 됩니다. 정말 감사합니다. 원장님께 말씀드리고, 함께 갈 관계자를 수소문하여 같이 갈 수 있도록 하겠습니다."

며칠 후, 안병걸 교수로부터 전화가 왔다.

"원장님께 상의해 봤는데, 4월 9일에 열리는 행사 일정에 맞추려면 1월 첫째 주부터는 사전 답사를 해야 한다고 하시네요."

"예? 그땐 가장 추울 때라 과연 갈 수 있을까요? 제가 2월에 출발하기로 한 건 그래도 추위가 누그러질 시기라서 생각한 건데요."

"이 박사님, 미안하지만 우리 일정이 그래서…."

"그렇다면 어쩔 수 없죠, 뭐. 알겠습니다."

그렇게 1월의 사전 답사가 결정되었고, 우리나라에서 가장 춥다는 1월 5일 토요일 12시 경복궁 광화문 앞에 다섯 사람이 모였다. 나, 귀향길의 첫 구간이라도 꼭 함께하고 싶어서 내가 초대했던 김덕현 교수, 그리고 도산서원 관계자 이태원, 이원봉 유사님, 류일곤 선생님 세 분. 세 분이 70대 초반, 한 분이 60대, 그리고 50대 초반인 내가 막내. 귀향길 먼 길을 가기에는 참 쉽지 않은 구성이다.

두려움

남들은 내가 귀향길 사전 답사를 앞장서서 출발하겠다고 하니 원래 걷기를 좋아했던 사람으로 착각한다. 나의 어떤 면을 보고 그러는지는 몰라도, 이미 많이 걸어본 사람이니 당연히 잘 걸을 수 있을 거라는 오해가 많다. 하지만 난 그때까지 하루에 반나절을 걸어본 경험도 전혀

1월 7일 봉은사를 출발하며

없는 평범한 현대인이었다.

앞장서서 출발한다고 호기롭게 말하기는 했지만 하루 20~30km를 가야 하는 귀향길 사전 답사는 걷기에 대한 두려움을 안고 시작되었다. 운 좋게도 육체적으로 부모님의 좋은 점만 골라서 물려받아 형제들 중 가장 건강한 몸을 가졌지만 나는 두려웠다. 다만 밖으로 티를 내지 않았을 뿐이다.

무려 1주일이나 걸려 지도 위에 꼼꼼하게 귀향길을 그리고 여러 차례 수정했지만 나에게도 귀향길은 한 번도 걸어가 본 적이 전혀 없는 미지의 길이었을 뿐이다. 지도 위의 길과 현실의 길. 과연 같으면 얼마나 같고, 다르면 얼마나 다를까. 곳곳에 헤맬 수 있는 요소가 나를 기다릴 텐데, 함께 가는 분들은 내가 그 길을 다 알고 간다고 착각하신다.

명동성당 겨울 풍경

명동성당 앞에서

이 또한 나에겐 큰 두려움이었다.

추위

또 하나의 두려움이 있었다. 바로 추위다. 주말마다 이틀씩 총 11일을 가는 사전 답사의 대부분이 1월에 이루어졌다. 우리나라에서 가장 춥다는 1월, 과연 가능할까. 이 또한 한 번도 해보지 않은 것이니 두려움이 마음에 가득했다. 그러면 결론은?

11일을 모두 걸어본 결과, 추위는 하루 종일 걷는데 아무런 장애 요인이 되지 못했다. 아주는 아니지만 어느 정도 옷 두껍게 입고, 털 귀마개 하고, 장갑 끼고, 양말 좀 두꺼운 것 신고. 이게 그때의 내 모습이었다. 이 정도로 하니까 걸어가면서 추위가 거의 느껴지지 않았다.

잠깐 밖에 나갔다 들어오는 우리나라의 1월은 정말 춥다. 누구도 부정하지 못하고, 누구든 경험한다. 하지만 하루 종일 여덟 시간씩 걷는

여주 남한강 겨울 해질녘 풍경

1월의 귀향길은 춥지 않았다. 경험하지 않은 사람들은 믿기 어려울 것이지만 경험하면 고개가 자연스레 끄덕여질 것이다. 막걸리 한잔 곁들인 따뜻한 국물의 점심 식사가 정겹고, 막걸리 다섯 잔 곁들이는 푸짐한 저녁 식사가 즐거운 겨울 귀향길이다.

행운도 있다. 우리의 겨울을 정말 춥게 만드는 것은 시베리아의 차가운 공기가 몽골 초원과 서해 바다를 건너 강하게 불어오는 북서계절풍이다. 그런데 서울을 출발하여 충주를 지나 대재를 넘어 도산서원에 이르는 귀향길은 북서계절풍을 등지고 걷는다. 걸어보면 안다. 겨울 귀향길은 정말로 별 추위를 느끼지 않고 걸을 만하다.

기적

사전 답사의 첫 구간은 경복궁 광화문에서 출발하여 광희문을 거쳐, 옥수역 두뭇개나루의 동호대교를 건너고, 한강 자전거길을 따라 봉은교까지 갔다가 살짝 되돌아 봉은사에 이르는 15km 정도의 구간이다.

이 정도 거리도 나는 처음 걷는 것이다. 게다가 함께한 네 분 중 세 분이 70대 초반이시니 긴장하지 않을 수 없었다. 다들 다른 사람에게 폐가 될까 염려하여 자신의 몸 상태를 정확히 말씀해주지 않으셨으니 어땠는지 모르겠지만, 나의 경우 첫날 그 길은 정말 가뿐했다. 많이 걸어서 몸에 피곤함이 느껴지는 건 당연한데, 아픔은 전혀 없었다.

건방짐이 생겼다. '처음 걷는 것인데도 이 정도면 도산서원까지 별 어려움이 없겠는데? 난 걷기에 타고난 체질인가 봐. 어머니 아버지의 좋은 점만 받았다니까.'

두 번째 구간은 봉은사에서 팔당역까지 약 25km 구간이다. 건방지게 시작된 나의 걷기는 15km 정도까지 아무런 문제가 없었다. 하지만 거기부터 다리에 문제가 생기기 시작했다. 어, 이게 뭐지?

무릎 뒤쪽의 힘줄이 당기고, 조금 더 지나니까 아픔까지 느껴졌다. 발바닥에 물집도 생겼다. 혼자 걸었다면 포기했을지도 모르겠다. 새로 참여하신 70대 중반의 원장님이 함께 걷는 것이기에 아파도 아프다고 말하기가 창피했다. 아프고 힘들었기 때문인지 팔당 한강의 노을 진 겨울 풍경이 정말 아름다워 보였다.

두 번째 토요일인 1월 12일은 남양주의 팔당역에서 양평의 아신역까지 약 24km의 세 번째 구간이다.

'5일 푹 쉬웠으니, 음… 이번엔 괜찮겠지? 그래도 혹시 다시 아프면 어떻게 하지? 아휴… 참 걱정되네.'

걱정이 현실이 되었다. 이번에도 15km 정도를 지나자 두 번째 구간에서 경험했던 아픔이 내 몸에서 똑같이 나타났다. 이러다가 도산서원까지 갈 수 있을까. 그날 저녁 양평 읍내에서 함께한 두 분과 웃으며 소주 한잔 기울였지만 그건 겉모습이었고 속으로는 다음 날 잘 걸을 수 있을지 걱정이 이만저만이 아니었다.

일요일, 아신역에서 이포보까지 약 20km의 네 번째 구간이 시작되었다. 어제 터진 발바닥 물집, 무릎 뒤쪽의 아픈 힘줄…. 10km가 지나고 15km가 지나고… 이쯤부터 아팠는데…, 그런데 기적이 일어났다. 터진 물집도 오히려 아물었고, 무릎 뒤쪽의 힘줄에는 아픔이 전혀 느껴지지 않았다.

'오…, 이젠 내 다리가 걷기에 적응한 건가?'

세 번째 토요일이 또다시 돌아왔고, 이포보부터 강천섬까지 약 30km의 다섯 번째 구간이다. 지난주 일요일에 기적적으로 아프지 않았는데, 5일 쉬고 다시 시작된 이번엔 과연 어떨지 스스로 궁금증이 컸다. 15km가 지났는데 아무렇지 않았다. 20km가 지나도, 25km가 지나도, 그리고 30km 목표점 가흥초등학교에 도착해서도 많이 걸어 피곤함은 있었지만 물집도 생기지 않았고 무릎 뒤쪽의 힘줄도 전혀 아프지 않았다.

첫 번째 도착한 도산서원

'오…, 이젠 내 다리가 걷기에 정말 적응한 건가?'

그리고 도산서원에 도착하기까지 나머지 여섯 구간 동안 한 번도 물집이 생기지 않았고, 다리도 아프지 않았다. 내 다리가 정말 걷기에 완전히 적응한 것이다. 두 번째, 세 번째 구간에서 아팠던 경험은 도산서원에 도착하자 완전히 옛날이야기가 되어버렸다.

첫 번째 사람

도산서원 선비수련원 주최 행사를 무사히 치르기 위한 사전 답사였지만 이왕 안내하기로 한 것 나는 작은 목표 하나를 세웠다. 경복궁부터 도산서원까지 전 구간을 끊어지지 않게 다 이어서 걸어가는 것.

대학원에 들어간 스물여덟 살 이후, 나에겐 연구의 삶을 살기에도 시간이 늘 부족한 편이었기에 이렇게 오랫동안 먼 거리를 걸어보겠다

는 생각을 갖는 것은 사치였다. 그런데 기회가 우연찮게 찾아왔으니 한번 해내고 싶은 마음이 컸다. 하마터면 이루지 못할 작은 해프닝도 몇 번 있었지만 결국엔 전 구간을 이어서 다 걸어갔다. 11일을 꼬박 걸어 도산서원에 도착했을 때 내 마음속에는 외침 하나가 꿈틀댔다.

'해냈구나!'

기차가 검은 연기 뿜어대며 철도 위를 달리고 자동차가 신작로를 덜커덕 덜커덕 오가면서 이제 사람들은 먼 길을 걸어 다니지 않게 되었다. 당연히 경복궁-도산서원 구간을 걸어서 오가는 사람도 없었다. 100여 년이 지난 후 그 구간 전체를 걸어서 간 첫 번째 사람, 그 사람이 바로 나였다. 도산서원 앞에 도착하여 감격의 소리를 지르지는 않았지만 두 손 높이 들며 사진은 찍었다.

2019년의 1월과 2월, 내 인생 최초로 먼 길 걷기를 포기하지 않고 달성한 뿌듯한 추억을 담았다.

2

역사의 길, 휴식의 길

홀로 걷기

2019년 4월 9일, 드디어 퇴계 선생 마지막 귀향길 450주년 기념행사가 서울 봉은사에서 개최되었고, 21일에 도산서원 폐막식을 끝으로 13일의 행사가 별 탈 없이 무사히 끝났다. 나는 하루 반만 참여했는데, 그때 함께 걸으며 친근해진 60대 후반의 김순기 교장 선생님께 이렇게 말했다.

"이 길 너무 좋은데요? 조만간 한 번 더 걸어봐야겠어요."

귀향길을 함께 걸으며 만난 사람도, 나눈 이야기도, 맞이한 풍경도 나름 다 좋았다. 하지만 딱 하나, 사전 답사 안내인지라 그 길을 평온하게 즐기며 걷지 못한 아쉬움이 있다. 그래도 안내자다 보니까 혹시 길을 잃고 헤맬까 걱정했고, 낙오자라도 생기지는 않을까 신경을 곤두세워야 했다. 다음에 다시 갈 때는 눈 감고도 갈 수 있도록 머릿속에 전 구간을 이미지로 담아내느라 마음이 은근히 바빴다.

시간은 흐르고 흘러 가을이 되자 귀향길을 다시 한번 가보자는 마음이 섰다. 그러나 주저함이 생긴다.

"혼자 갈까? 아니야 그 먼 길을 혼자서 심심하게 어떻게 가?"

한 분만이라도 같이 가면 좋겠다는 생각에 김순기 교장 선생님께 전

2019년 4월 21일, 퇴계 선생 마지막 귀향길 450주년 재현 행사에 참가하다.

화를 건다.

"저, 교장 선생님. 이번에 귀향길을 다시 걸어가기로 했는데 혹시 함께 가실 수 있나요?"

"이 박사님이 저번에 말한 것 진짜 실천하는 거네요. 대단합니다. 나도 다시 한번 걷고 싶고, 이 박사님과 함께라면 더 좋다고 생각해요. 하지만 미안해요. 이번엔 내가 가지 못할 사정이 생겨서요."

"아, 예 알겠습니다. 아쉽기는 하지만 함께 걷고 싶으시다는 그 말씀만으로도 정말 감사합니다. 다음번에는 꼭 함께 가셨으면 합니다."

가까운 지인들은 다들 경험이 없으니 권유해봐야 대답하기 난처하게 만들 뿐이다. 김순기 교장 선생님 외에는 달리 권유해볼 분을 생각해내지 못했다. 그런데 사정이 생기셨다니, 어쩔 수 없이 홀로 귀향길을 걷는 수밖에.

'아, 퇴계 선생 마지막 귀향길을 심심하게 홀로 가야 하는구나!'

하루 평균 32km

사전 답사 때는 길을 확인하며 가야 했고, 참여자 중 60대가 주이고 70대가 다음이며 50대는 나를 포함하여 딱 둘밖에 없던 점을 고려하여 하루 25km 안팎을 가는 것으로 잡았다. 하지만 이번에는 나 홀로 가는 것이기에 한 시간에 4km씩 여덟 시간 하루 평균 32km를 가기로 했다.

요즘 올레길, 둘레길 걷기가 힐링의 삶으로 유행이다. 그러기에 하루 종일 32km의 속도로 먼 길을 걸어본 사람이 없지는 않을 것 같다. 하지만 나의 지인들 중에는 없다. 마라톤을 100번 이상 완주하고

100km 울트라마라톤, 산악마라톤을 삶의 동력으로 삼았던 동료 이용관 선생님 한 분을 제외하면 다들 이렇게 부정적으로 반응한다.

"그게 진짜 가능해요?"

옛날 사람들은 하루에 평균 90리를 갔다. 10리는 약 4.45km였고, 그래서 하루에 가는 거리인 90리는 4.45km × 9 ≒ 40km였다.[1]

"어휴… 어떻게 하루에 40km씩 갈 수 있나요?"

귀향길을 함께 걸었던 분들도, 내 주위의 지인 대부분도 모두 믿지 못하겠다는 눈치다. 하나의 사실을 모르기 때문이다. 옛사람들은 늘 걸어 다녔기에 모두 걷기의 달인이었다. 걷기의 달인은 먼 길을 가더라도 하루 평균 40km를 걸을 수 있다.

일상적으로 자가용과 대중교통을 타고 다니는 현대인은 당연히 걷기의 달인이 아니다. 나도 현대인이니 귀향길 먼 길 걷기에서 옛사람들을 흉내 냈다가는 초주검이 될 것이다. 나는 초주검이 되고 싶지 않다.

현대인인 나에게 하루 걷기에 딱 맞는 거리라고 생각한 것이 걷기 달인의 40km보다 무려 8km를 줄인 32km다. 사전 답사로 걸어본 결과, 그 정도는 나도 별 탈 없이 걸어갈 수 있겠다는 왠지 모를 자신감이 생겼다.

---

1 도산서원 선비문화수련원에서는 귀향길 450주년 행사를 기념하여 구간마다 저자를 달리한 답사기 《퇴계의 길에서 길을 묻다》(2021. 3. 푸른역사)를 출간하였다. 나는 첫 번째 구간의 글을 썼는데, 부끄럽게도 옛날의 10리를 약 5.5km로 잘못 계산하여 90리를 약 50km로 단정 지어 서술하였다. 2021년 9월 〈조선전기 지리지에 활용된 거리 단위에 대한 연구 - 경상도 지역 지리지를 사례로〉(2021, 한국지역지리학회지, 29(3))란 논문을 쓰게 되면서 조선시대 거리 단위인 리(里)에 대해 자세히 살펴볼 수 있었다. 그 과정에서 9리는 약 50km가 아니라 약 40km였다는 사실을 확인하였다. 이 글을 통해 귀향길을 함께 걸으며 대화를 나누었던 분, 《퇴계의 길에서 길을 묻다》의 독자께 사과드린다.

육백 리 귀향길

'일반적으로 옛날 사람들은 서울 경복궁에서 안동 도산서원까지 며칠이나 걸렸지?' 그래도 역사의 길을 걸어가는데 이 정도의 지식은 갖고 가야 체면이 서지 않을까 해서 찾아봤다.

옛 지리지와 고지도 등에 서울과 전국 모든 고을 사이의 거리, 걸어서 오갈 때 걸리는 날수에 대한 정보가 다 기록되어 있다. 도산서원이 지금은 안동시에 속해 있지만 옛날에는 예안(禮安)이란 고을에 있었다. 서울 경복궁과 안동시 도산면 서부리의 예안 중심지 사이의 거리는 545리다. 옛날 사람들이 하루에 90리를 갔으니 545리÷90리≒6일이다. 경복궁-예안의 중심지와 경복궁-도산서원의 거리는 거의 같다. 지리지와 고지도에도 다 6일로 기록되어 있다.

퇴계 선생은 1569년 음력 3월 4일 정오쯤 경복궁을 출발하여 17일에 도산서원에 도착했다. 6일 걸릴 거리를 무려 14일이나 걸렸다. 마지

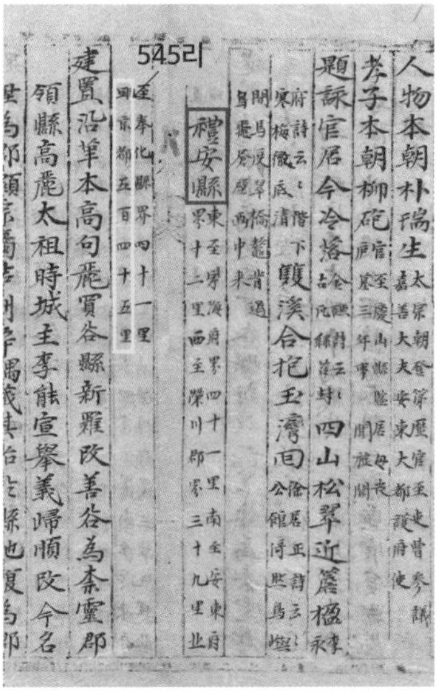

◀《신증동국여지승람》: 예안현부터 서울까지 545리

▼ 고지도에 표시된 6일(六)

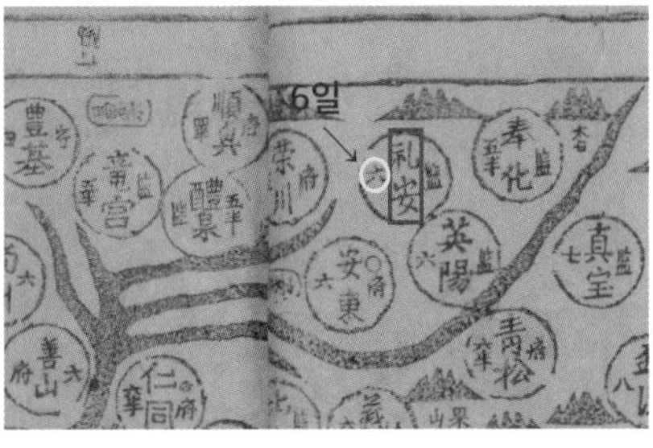

막 귀향길을 떠날 때 선생의 나이 예순아홉, 그리고 벼슬은 정2품의 좌참찬. 열여덟 젊은 선조 임금이 곁에 머물며 스승이 되어 달라 간곡히 부탁했지만, 고향으로 돌아가 제자를 키우며 마지막 여생을 보내고 싶은 마음이 너무 컸다.

선조 임금은 연로하신 선생을 어쩔 수 없이 떠나보내며 혹 힘드시진 않을까 걱정하여 귀향길 모든 고을에 타고 가실 말 등 최대한의 편의를 제공하라 명했다. 서울의 두뭇개나루[豆毛浦]부터 충주의 달래나루[達川津]까지는 특별히 나랏배[官船]를 타고 가실 수 있게 배려했다.

선생의 마지막 귀향길이 될지도 모르기에 고위 관리와 수많은 명사들이 관청을 비우고 한강가의 두뭇개나루까지 전송을 나왔다. 나루 앞의 커다란 모래섬 저자도(楮子島)에서는 성대한 전별식도 열려 이별의 안타까운 마음을 시(詩)로 주고받았다. 충주 등 귀향길 곳곳에서 고위 지방관이 선생과의 추억 나누기를 요청하였고, 선생 스스로 옛 친구를 찾아 청풍 관아에 들르기도 했다. 그래서 6일 거리가 14일이나 걸렸다.

거리도 멀어졌다. 서울 경복궁과 안동 도산서원 사이를 6일 만에 오가는 최단 코스의 길은 경복궁-송파나루-성남-광주-이천-충주-단양-대재-풍기-영주-도산서원의 경로였다. 그런데 퇴계 선생은 서울의 두뭇개나루에서 충주의 달내나루까지 배를 타고 돌아갔고, 충주-단양의 경로를 벗어나 충주-청풍-단양의 경로를 택했다. 마지막 귀향길은 경복궁-도산서원의 최단 코스인 545리보다 더 멀다.

요즘의 거리 단위로 계산하면 전체 구간은 260~280km 사이 어디쯤이다. 10리=4.45km를 적용하면 584~630리 정도다. 경복궁-도산서원 마지막 귀향길을 거리 단위로 그냥 편하게 부르면 육백 리 귀향길이다. '육백 리 귀향길', 나에겐 괜찮은 이름으로 들린다.

안전한 길

나는 자동차 사고로 죽고 싶지 않다. 아무리 좋고 역사적으로 의미 있는 길이라고 해도 안전하지 않으면 걸어가 볼 생각이 전혀 없다. 다행스럽게도 육백 리 귀향길은 100%는 아니어도 95% 정도는 안전하다. 서울 시내에서는 인도만 따라가고 신호등만 잘 지키면 사고 날 일이 없다. 퇴계 선생이 만약 경복궁-도산서원을 최단 코스의 길로 갔다면 서울부터 충주까지의 육백 리 귀향길은 너무 위험했을 것이다.

4~5일이나 걸리는 그 구간은 오늘날 인도도 없이 많은 차가 쌩쌩 달리는 도로로 변한 곳이 많다. 간이 큰 사람이 아니라면 걸어가기가 쉽지 않다. 나는 간이 작다. 다행히 퇴계 선생은 서울의 두뭇개나루부터 충주의 달내나루까지 배를 타고 갔고, 지금 그 뱃길을 따라 국토 종주 자전거길이 정말 잘 만들어져 있다. 그 길만 따라 걸어가면 안전하다.

충주 시내 입구 달천강을 건널 때 왕복 2차선의 달천교 400m는 인도가 없어 위험하다. 지금은 달천대교가 옆에 만들어져 달천교의 통행량이 아주 많지는 않지만, 400m를 다 건널 때까지 자동차를 많으면 열 대 정도 만난다. 안타깝지만 현재로서는 난간 부분에 붙어서 조심하며 건널 수밖에 없다. 나는 그렇게 건넜다. 달천교를 건너면 탄금대부터 충주 시내다. 인도만 따라가고 신호등만 잘 지키면 안전하다.

하지만 충주 시내 동쪽의 마즈막재를 넘자마자 육백 리 귀향길은 충주호에 잠긴다. 물 위를 걸어갈 수 없으니 여기선 세 가지 방법 중 하나

가을 팔당댐 호숫가 둔치

가을 강천섬

를 택한다.

첫째, 자가용이나 택시, 아니면 버스를 타고 충주나루까지 가서 유람선을 타고 청풍나루까지 간다. 청풍문화재단지에서 퇴계 선생과 인연이 있는 옛 청풍고을의 여러 유적을 구경한 후 다시 유람선을 타고 단양의 장회나루까지 가면 된다.

둘째, 충주터미널에서 단양 가는 시외버스를 타고 1시간 정도 가서 장회나루에서 내리면 된다. 유람선을 타고 가는 것이 가장 좋지만 그게 여의치 않으면 차선책으로 이 방법을 택한다. 유람선의 시간을 맞추기가 쉽지 않고 어느 정도 인원이 예약되지 않으면 운행되지 않는 경우도 있다. 나는 두 번째 갈 때 이 방법을 택했다.

셋째, 단양터미널까지 고속버스를 타고 간 후 그 앞에서 장회나루 가는 단양 시내버스를 타고 간다. 내가 세 번째와 네 번째 귀향길을 갈 때 코로나19 대유행으로 충주-단양 시외버스가 운행되지 않아 이 방법을 택했다.

이포보 지나 가을 물억새밭

장회나루부터 구단양인 단성면소재지까지 약 7km 구간이 육백 리 귀향길 전체에서 가장 위험하다. 인도가 없는 왕복 2차선으로 이루어진 지방도로로, 인적이 드물고 고개가 높으며 커브길이 많고 차들이 꽤 빠른 속도로 달린다.

다행히 중부내륙고속도로, 평택제천고속도로 등이 만들어져 이 지역의 많은 통행량을 감당하고 있기 때문에 오가는 차가 많지는 않다. 왕복 2차선이지만 길이 넓으니 현재로서는 충주호 쪽의 길가를 따라 차가 올 때마다 최대한 조심해서 가는 방법밖에 없다.

단성면소재지부터 대재를 넘어 풍기를 거쳐 영주 시내를 통과하는 길은 인도, 마을 길, 산길만 따라가기 때문에 안전하다.

영주 시내 동쪽 영주동산고등학교부터 이산면 용상리 입구의 사거리까지 약 2km 구간, 두월삼거리에서 두월교를 넘을 때까지 약 2km 구간에서 인도가 없는 왕복 2차선의 위험한 길을 다시 만난다. 다행히 이 구간도 오가는 차량이 적으니 최대한 조심해서 가면 크게 위험하지는 않다. 영주 시내에서 도산서원까지 약 36km 구간 중 앞의 두 구간 4km를 제외하면 모두 마을 길이나 산길이라 안전하다.

육백 리 귀향길은 충주호에서 유람선을 타고 가는 구간을 제외하면 대략 240km 정도다. 그중에서 인도가 없는 왕복 2차선 도로를 가는 구간이 약 11km다. 여기도 자동차 저기도 차동차인 우리나라에서 8일을 걸어가는 먼 길로 육백 리 귀향길만큼 안전한 길을 찾기는 쉽지 않다.

너무나 감사하게도 퇴계 선생이 안전한 귀향길을 절묘하게 만들어 주셨다. 만약 퇴계 선생이 서울부터 충주까지 배를 타고 가지 않았다면, 만약 퇴계 선생이 우리나라에서 도시와 산업 개발이 가장 덜 이루어진 지역 중의 하나인 경상북도 동북쪽의 예안 고을 출신이 아니었다면 안전한 육백 리 귀향길은 만들어지지 않았을 것이다. 그랬다면 나는 죽고 싶지도 않고 간이 크지도 않기에 결코 걸어가지 않았을 거다. 언젠가 충주시와 단양군, 영주시에서 완벽하게 안전한 귀향길을 만들어줄 것이라 기대해본다.

새로운 친구들

홀로 가는 육백 리 귀향길. 심심할 줄 알았다. 하지만 다 걸어보니 심심하지 않았다. 전혀 생각지도 못한 새로운 친구들을 많이 만나 심심할 겨를이 별로 없었다. 외국이든 국내든 처음 가는 먼 길을 가면 그 길에서 여러 사람들을 만나 금방 친해진다고들 한다. 하지만 아쉽게도 나는 육백 리 귀향길에서 그런 경험을 하지 못했다.

서울 경복궁에서 양평까지의 귀향길은 걷는 사람, 자전거 타는 사람으로 가득하다. 하지만 그들을 친구로 만들 수는 없지 않은가. 괜히 말

육백 리 귀향길에서 만난 꽃

이라도 걸면 뭐 이런 사람이 다 있냐며 이상한 사람 취급당할 것이다.

양평부터 충주까지는 자전거를 타고 쌩 지나가는 그룹뿐이고, 쉼터에서 그들을 간혹 만난다. 하지만 오랜만에 먼 곳에 함께 나와 자전거를 타니 마음이 신나고 웃음과 이야기 소리로 가득한 그들 사이에 끼어들어 말을 걸 수도 없다. 그냥 스쳐 지나가는 사람들일 뿐이다.

충주부터 도산서원까지는 함께 걷거나 자전거 타는 사람이 한 명도 없다. 그러니 친구를 만든다는 것은 말도 안 된다. 사람에게 말이라도 걸어볼 수 있는 경우는 점심 식사 때뿐이다. 식당 아주머니와 정겨운 이야기를 몇 곳에서 나누었지만 그렇다고 함께 걸어가며 친구가 될 수는 없는 노릇 아닌가.

결국 홀로 가면서 새로운 친구를 만들 기회가 없었다. 그런데 나는 전혀 생각지도 못한 새로운 친구들을 정말 많이 만났다. 아침 동녘 하늘을 빨갛게 물들이며 솟아오르는 태양, 저녁 붉게 물든 석양의 노을 속으로 서서히 숨어들어 가는 태양. 그가 8일 동안 나의 아침과 저녁 반가운 친구가 되어주었다. 매일 태양은 뜨고 매일 태양은 지지만 평상시엔 내 곁에 없었다. 하지만 육백 리 귀향길에선 매일 내 곁에 있었

고, 때론 강과 산과 나무와 새와 어우러진 멋진 풍경을 자아내며 나를 감탄스럽게 만들었다.

이른 아침 길가에서 만난 이슬 맺힌 가을의 거미줄이 나를 멈추게 한다. 핸드폰으로 찰칵! 확대를 해본다. 환상의 세계가 펼쳐진다. 거미줄에 진주보다 영롱하게 점점이 매달린 둥근 이슬방울이 수백 개의 다이아몬드보다 더 빛나 환상의 세계를 연출한다. 시골 출신이기에 어렸을 때 늘 보던 거미줄이지만 육백 리 귀향길에서 만난 거미줄의 감동은 내 인생 처음이었다. 멋진 친구다.

내 직장인 도서관 숲속에서 늘 보지만 무심코 지나쳤던 참새들, 잡목 속 이름 모를 작은 새들, 나무 위 까치들이 육백 리 귀향길에선 내 귀를 심심찮게 해주는 친구들이다. 그렇다고 그들에게 만날 때마다 인사를 하지는 않는다. 걷는 하루 종일 길가 잡목 속에서, 나무 위에서 그들이 울어대는 소리를 들을 수 있어 혼자라도 적막하지 않을 수 있었기에 감사한 마음을 갖는다.

반갑다 백로야. 반갑다 백조야. 반갑다 청둥오리야. 그리고 이름 모를 여러 철새들도 정말 반갑다. 평소에 보기 힘든 너희들이 귀향길 곳

곳에서 나타나 나를 멈추게 하는구나. 너희들은 잔잔한 강물과 거친 여울, 가을 아침 호수 위로 희뿌옇게 피어오른 물안개, 물가의 버드나무 숲과 저 멀리 솟아난 산, 강 한가운데의 섬과 갈대와 어우러진 멋진 풍경으로 나를 맞는다. 먼 길 가다가 멈추어 잠시나마 눈 호강하면서 쉬게 만드는 고마운 친구들이다.

숲속 오솔길 계곡의 거칠고 맑은 물소리, 나뭇잎 부딪히며 스치는 바람 소리. 숲속 긴 오솔길의 적막함으로 외롭고 무서웠을지 모를 나에게 '아, 이 숲속에도 함께하는 자연이 있구나!'라고 마음속으로 속삭이며 외롭지 않게 무섭지 않게 걸어갈 수 있게 해준다. 가다 보면 숲속 오솔길을 꽤 만난다. 그곳에서 가장 고마운 친구들이 물소리 바람 소리다.

산과 마을과 논과 밭 사이를 굽이굽이 흐르며 언덕과 고개를 여유롭게 넘나드는 시골길은 때로는 정겹고, 때로는 멋지며, 때로는 표현할 수 없는 장관으로 다가온다. 거기에 붉은 사과 주렁주렁 매달린 넓은 사과밭이라도 더해지면 길 가다 셔터를 누르지 않을 수 없다. 이런 풍경은 충주의 마즈막재에서, 단양에서 대재를 넘어 풍기에 이르기까지, 영주 시내에서 도산서원까지 곳곳에서 펼쳐지며 나를 멈추게 한다. 다 멋진 친구들이다.

마지막으로 서울 경복궁에서 안동 도산서원까지 육백 리 귀향길 내내 가장 많이 나를 멈추게 하고, 가장 많이 내 얼굴을 환하게 만든 최고의 친구 하나를 소개한다. 바로 꽃이다. 사람이 정성으로 가꾼 길가의 화단과 정원의 꽃도 있었고, 바람과 비와 나비와 벌과 함께 스스로 피었다 지는 들꽃도 있었다.

누군 인공적으로 가꾼 꽃이 예쁘다 하고, 누군 들꽃이 예쁘다 한다.

두 번째 도착한 도산서원

육백 리 귀향길에서 나는 둘 다 만났고, 둘 다 예쁘고 좋더라. 둘 다 나를 멈추게 했고, 둘 다 핸드폰 셔터를 연신 눌러 지인들에게 자랑삼아 보내게 만들었다. 꽃의 종류가 같더라도 이번의 꽃과 저번의 꽃, 여기 핀 꽃과 저기 핀 꽃이 다르더라. 꽃은 언제 어디에 무엇과 어울려 있느냐에 따라 다른 꽃이 되더라. 꽃이 없는 길은 없었다.

소개 못한 친구들은 더 있다. 일상에서는 그냥 스쳐 지나가며 아무런 의미가 되지 못했던 이들이 나에게 다가와 소중한 친구가 되어주었다. 육백 리 귀향길이 홀로 가는 나에게 선물해준 소중한 경험이고 추억이다.

휴식의 길

서른셋 박사학위논문의 주제를 잡을 때 '역사란 무엇인가?'란 책을

단성면사무소 길과 벽화

죽령계곡 맑은 물

60대에 쓰는 것으로 내 삶의 목표를 삼았다. 다른 건 몰라도 연구에서만큼은 큰 목표를 세우고 나아가야 그래도 뭔가 이루며 살았다는 보람을 느낄 수 있지 않겠는가. 그때부터 나의 연구는 그 책을 쓰기 위한 능력을 차곡차곡 쌓아가는 과정이었다. 지금은 '문명이란 무엇인가?'로 제목을 바꾸었다.

그렇게 나의 몸을 세팅시키고 사는 것이 마흔두 살까지는 정말 좋았다. 특히 서른여섯부터 마흔두 살까지의 삶은 천국이었다. 하지만 마흔세 살, 낮에 연구하기 어려운 생활로 들어서자 큰 슬픔이 다가왔다. 그 슬픔을 누그러뜨리는 데 2년이나 걸렸다. 그러곤 깨달은 것이 있다. 슬픔은 극복하는 것이 아니라 안고 살아가는 것이라고. 저녁과 주말에라도 연구하며 책을 쓰는 것으로 나의 꿈을 이어갔다.

2019년 가을, 주말에 이틀씩 이용하여 두 번째 육백 리 귀향길을 다 걸어간 후 이 길이 더 좋아졌다. 여러 이유가 있었지만 내 인생 처음으로 나의 눈과 머리에게 연구의 삶으로부터 8일이나 휴식을 준 색다른

삿갓재에서 바라본 도마재

경험이 특히 좋았다.

홀로 두 번째로 걸어가면서 하루 종일 연구의 눈으로 세상을 본다는 것은 불가능하더라. 몸에 밴 습관이기에 머리가 시도를 하긴 하더라. 하지만 이미 가본 길이라 연구에서 색다른 것을 찾기 어렵고, 누구와 이야기를 나눌 수도 없으며, 혼자 자문자답하는 것도 한계가 있으니, 해봤자 소용없음을 몸이 체득하고는 곧바로 포기하더라. 그러곤 다가오는 꽃과 나비와 벌과 새와 나무와 강과 산, 보이고 만나는 모든 존재를 자연스레 친구로 받아들이더라. 할 게 그것밖에 없으니…. 다가오는 자 밀어내봤자 자기만 손해니….

그렇게 새로운 친구들을 만나면서 25년 연구의 내 인생 최초로 나의 눈과 머리에게 휴식을 주었다. 홀로 걸어가는 육백 리 귀향길은 나에게 즐거운 휴식의 길이었고, 그래서 더 좋아졌다. 이렇게 좋은 길, 내 다리가 허락하는 한 1년에 두 번은 가보자. 아니 1년에 8일 동안 두 번은 내 눈과 머리에게 휴식을 주기로 하자. 육백 리 귀향길은 연구를 향

한 나의 삶에서 휴식의 길이다.

천국의 길, 해방의 길

2020년 4월, 봄이 또 찾아왔고 나의 세 번째 육백 리 귀향길 걷기가 시작되었다. 전해 9월부터 확 바뀐 과 분위기에 서서히 멘붕이 오기 시작하더니 새해 들어 더 심해졌다. 일요일 저녁부터 출근에 대한 걱정이 시작되고, 잠들 시간 즈음부터는 가슴도 쿵쾅거렸다. 월요일 아침

출근길엔 머릿속이 그야말로 하얘졌다. 업무에 대한 내 능력 부족이 1차적 원인이겠지만 어쨌든 처음 겪는 새로운 방식의 업무 처리에 적응하기가 쉽지 않았다. 심적으로 업무의 양도 적게는 1.5배, 많게는 두 배가 늘어난 것 같았다. 그렇게 무너져가는 직장 내 생활이 세 번째 육백리 귀향길 걷기에 대한 간절한 소망을 만들어냈다.

스트레스가 심하고 일의 양도 많아지니 이번엔 주말 이틀을 이용하기보다 업무로부터 8일 연속 벗어나 쭉 걸어가고 싶었다. 그러기 위해선 일주일 내내 휴가를 내야 하는데, 업무가 많은 4월인지라 그게 쉽지는 않았다. 그래서 3일 휴가를 내어 충주의 마즈막재까지 5일 연속 걸어가고, 단양 장회나루부터 도산서원까지 하루 휴가를 내어 3일 연속 걸어가는 방식을 택했다.

결과는?

육백 리 귀향길이 휴식의 길을 넘어 천국의 길이었다. 봄의 귀향길 여기저기 피어난 꽃과 나비와 벌, 녹음 싱그러운 풀과 곤충과 나무와 새, 빨간 산딸기와 검게 빛나는 오디, 흐르는 물과 연초록 산. 모두 나에게 손을 벌려 환영하더라. 그러곤 따뜻하게 위로하며 속삭이더라.

'요즘 힘들었지요? 육백 리 귀향길 내내 그대와 함께하리니, 힘든 것 다 잊고 나와 함께 편안히 쉬다 가세요.'

천국이 따로 있을까. 육백 리 귀향길 8일 내내 자연의 친구들이 늘 내 곁에서 함께하며 동행해줬다. 내 마음은 오랜만에 찾은 여유로움으로 가득했고, 얼굴에선 웃음이 가신 적이 없다. 퇴계 선생이 선물해준 이 길의 꿈 같은 시간이었다.

3일 내내 둘이서 걷기

세 번째 육백 리 귀향길은 두 사람의 동행이 있었다. 《퇴계의 길에서 길을 묻다》 답사기 출판을 책임졌던 강옥순 선생님이 서울 봉은사부터 남양주 덕소역까지, 덕소역에서 능내역까지, 양평역에서 여주의 이포대교까지 3일에 걸쳐 반나절씩 함께했다. '내가 걷는 것이 느려 일정을 너무 늦추게 만드는 것 아니냐'며 연신 미안해하셨지만 나 홀로 걸어갈 때 경험하지 못한 '길 걷다 허름한 카페에 들어가 앉아 잠시 커피 마시기' 같은 여유를 나에게 선물해주셨다.

국립중앙도서관 도서관연구소 시절 딱 4개월 함께 근무했던 안동순 사무관이 양평역에서 충주 버스터미널까지 무려 3일이나 함께해주었다. 키도 180이 훨씬 넘는 거구이고, 평소 취미로 둘레길 걷기에 단련되어 정말 잘 걸었다. 하루 종일 걷는 것은 처음이라고 말했지만 귀향길을 세 번째 걸어가는 내가 오히려 게임이 되지 못했다. 3일 함께 걷는 내내 할 이야기, 못할 이야기 다 나누게 되더라. 누군가와 하고 싶은 이야기, 속속들이 솔직하게 알고 싶은 이야기가 많다면 3일 내내 단둘이서 함께 걸어가면 된다.

9일로 바꾸다

첫 번째 귀향길 걷기에서는 11일 중 9일이, 두 번째의 귀향길 걷기에서는 8일 내내 나의 몸에 전혀 이상이 없었다. 다리도 아프지 않았고, 발바닥에 물집도 생기지 않았다. 내 다리는 이제 걷기에 완벽하게 적응했어! 으하하하하하~~~.

진짜 그런 줄 알았다. 하루 종일 걷기에서 무려 17일이나 아프지도 않았고 물집도 잡히지 않았으니, 진짜 그런 줄 아는 것은 자연스러운 것 아닌가? 하지만 세 번째의 귀향길 걷기 3일째부터 상황이 완전히 달라졌다.

3일째의 목표였던 여주 시내에 도착했을 때 다리가 너무 아팠고, 발바닥은 물집으로 엉망이었다. 아침이 되자 그래도 걸을 만했다. 혹시나 하고 그런 다리로 4일째도 걸었는데, 목적지였던 충주시 앙성면 능암리의 남한강가 철새전망대에 도착하자 다리가 아프고 완전히 풀려서 한 발짝도 움직이기 싫었다. 물론 발바닥은 물집투성이였다. 그런데 다음 날 아침이 되자 또 걸을 만했다. 5일째도 그런 다리로 걸었고, 겨우겨우 목적지인 충주 시내 동쪽의 마즈막재에 도착했다. 힘들게 도착한 만큼 마즈막재의 풍경이 너무나 시원시원했다.

도대체 왜 첫 번째와 두 번째 걸어갈 때는 전혀 아프지 않았던 구간이 세 번째 걸어갈 때는 아픈 거지?

원인은 가까운 곳에 있었다. 첫 번째와 두 번째 걸어갈 때는 주말 이틀을 걷고 주중 5일을 쉰 다음 다시 주말 이틀을 걸어갔기 때문에 아무런 문제가 없었던 것이다. 세 번째는 5일 연속을 걸어갔더니 3일째부터 탈이 났다.

아뿔싸! 그제야 깨달았다.

내 다리가 걷기에 완전히 적응했다는 생각은 역시 자만이었다. 옛날 사람들보다 무려 하루 평균 8km나 줄였는데도 5일 연속해서 걸으니 엉망이 되었다. 이를 어쩌나. 내가 만약 육백 리 귀향길을 빠르게 주파하는 것이 목적인 사람이었다면, '아~ 더 연습을 해야겠구나!'라고 생각했을지 모른다. 하지만 나에겐 그런 목적이 없다.

육백 리 귀향길은 연구를 향한 나의 삶에 휴식의 길이었고, 직장 스트레스로부터 벗어난 천국의 길, 해방의 길이었다. 여기에 하나 더 보태면 세 번째 가보니까 그때 갔던 그 길이, 그리고 그 길가에서 만났던 그 꽃이, 그 물이, 그 나무가, 그 산이 나를 정말 반갑게 맞아주는 고향같이 정겨운 길이 되어 있었다.

내가 반복해서 육백 리 귀향길을 가니까 '지겹지 않느냐' '다른 길도 가봐라' 하는 이가 대부분이다. 하지만 난 평일 낮에는 먹고살기 위해 직장에 다녀야 하고, 평일 저녁과 주말엔 특별한 일이 없는 한 연구를 향한 내 꿈을 이루기 위해 열심히 작품을 만들어야 한다. 난 이 둘 다를

세 번째 도착한 도산서원

네 번째 도착한 도산서원

포기하고 다른 취미를 가질 생각이 전혀 없다. 오직 1년에 두 번 나의 눈과 머리에게 연구로부터 벗어난 휴식의 시간을 주기 위해 육백 리 귀향길을 갈 뿐이다.

그런 나에게 해결책은 하나뿐이다. 서울의 경복궁에서 충주의 마즈막재까지 5일 만에 간 길을 6일로 늘리자. 단양 장회나루부터 안동 도산서원까지는 똑같이 3일 만에 가도 문제는 안 되었으니, 전체 일정을 8일에서 9일로 늘리자. 나중에 그렇게 걸었더니 다리도 안 아프고, 발바닥에 물집도 생기지 않더라. 육백 리 귀향길은 나에게 8일이 아니라 9일 걷기가 알맞은 길이었다.

나의 길, 우리의 길

2020년 가을, 네 번째로 육백 리 귀향길을 걸어갔다.

좋았다. 아주 좋았다. 이쯤 되니까 육백 리 귀향길은 나의 길, 이기봉의 길이 되어 있더라. 이 좋은 길을 나만 즐겨서야 되겠는가. 실현될 지는 모르겠으나 언젠가 나의 길, 당신의 길, 그의 길이 되어 결국엔 우리의 길이 되기를 소망해본다.

선진국이 된 우리나라에도 9일 동안 걸어갈 수 있는 역사의 길이 있으면 좋지 않겠는가. 그 역사의 길이 하나에서 시작하여 둘이 되고 셋이 되면 더 좋지 않겠는가. 그 시작의 하나가 퇴계 선생 마지막 귀향길, 육백 리 귀향길이 되었으면 좋겠다.

네 번이나 걷고 나니 그렇게 안전한 역사의 길을 선물해준 퇴계 선생께 정말 감사한 마음이 크다. 하지만 그렇다고 퇴계 선생을 생각하며 걷지는 않았다. 그 길은 퇴계 선생이 선물해준 나의 길이니까.